高等院校土建专业互联网＋新形态创新系列教材

公园景观设计
（微课版）

郑　爽　夏远　主编
李欣灿　张文骁　副主编

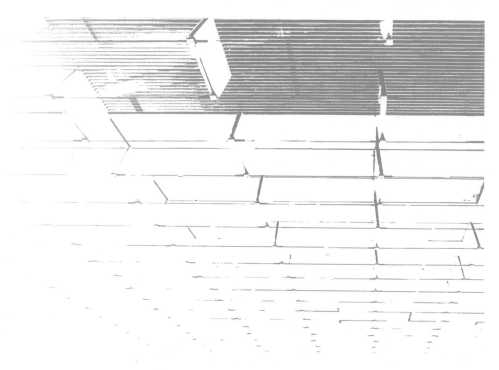

清华大学出版社
北京

内 容 简 介

本书共分为5章，系统介绍了公园景观设计的相关内容。第1章为概论，主要介绍了城市公园的定义、城市公园的发展历程、城市公园的功能、城市公园的分类，以及城市公园的设计趋势。第2章主要从城市公园的功能分区、空间形态及层次设计以及规划布局原则来讲述城市公园环境的空间设计。第3章从城市公园的各个构成要素来讲述城市公园的设计内涵，旨在让读者充分掌握城市公园中的地形、道路、铺装、水体、植物和园林构筑物及小品的设计方法。第4章主要介绍城市公园景观设计程序，以及景观设计行业文本制作的方法，让设计者以更加理性科学的方法进行城市公园的设计工作。第5章介绍了9种常见的城市公园类型，通过实例解析的方式让读者对城市公园有更加全面的认识。

本书可作为本科、专科建筑学、风景园林、环境设计、城乡规划等专业的教材，也可供相关行业设计师及景观设计爱好者阅读参考。

图书在版编目（CIP）数据

公园景观设计：微课版 / 郑爽，夏远主编.

北京：清华大学出版社，2024.7. -- (高等院校土建

专业互联网+新形态创新系列教材). -- ISBN 978-7-302-

66425-3

　Ⅰ. TU986.2

中国国家版本馆CIP数据核字第2024MH0926号

责任编辑：石　伟
封面设计：钱　诚
责任校对：徐彩虹
责任印制：宋　林
出版发行：清华大学出版社
　　　　　网　　　址：https://www.tup.com.cn, https://www.wqxuetang.com
　　　　　地　　　址：北京清华大学学研大厦A座　　　　邮　　　编：100084
　　　　　社 总 机：010-83470000　　　　　　　　　邮　　　购：010-62786544
　　　　　投稿与读者服务：010-62776969, c-service@tup.tsinghua.edu.cn
　　　　　质量反馈：010-62772015, zhiliang@tup.tsinghua.edu.cn
　　　　　课件下载：https://www.tup.com.cn, 010-62791865
印 装 者：三河市铭诚印务有限公司
经　　销：全国新华书店
开　　本：190mm×260mm　　　　　　印　　张：14.25　　　　字　　数：347千字
版　　次：2024年7月第1版　　　　　　印　　次：2024年7月第1次印刷
定　　价：59.00元

产品编号：094363-01

前　言

　　城市公园的发展已经有数百年的历史，它的出现最初是为了解决西方城市化进程中所面临的问题，而在两百多年后的今天，城市公园依然在解决城市问题中扮演着非常重要的角色。城市的发展引发了一系列的人口、环境和资源的矛盾，城市公园设计和建设的综合性和实用性越来越受到关注，城市公园设计不仅停留在景观设计的领域，在设计和建设的过程中，其更加注重综合性和学科的交叉融合，城市公园设计往往涵盖了园林、植物、生物、工程、建筑、社会学、城市规划等多个领域。20世纪60年代之后，西方各国开始出现严重的生态问题，城市公园的建设逐渐转向生态设计理论和实践研究，城市公园出现了多元化的发展趋势。

　　公园景观设计一直是景观设计相关专业的一门重要的必修课，完成一件好的设计作品不仅离不开设计者前期的理论知识积累，而且要求设计者具备独特的创意和清晰的设计思路，并能在实践中将自己的设计想法表现出来。

　　本教材与传统的公园设计教材相比，其更偏向于实践能力的培养，在学习了相关理论知识之后，再讲述景观设计程序及方法，让读者了解在景观设计行业实际工作中方案文本的制作方法，并要求在课程作业中通过汇报图册的方式展现出来，更好地与市场接轨。通过若干微课视频的讲解，让读者对重点和难点有更深刻的认知和理解，同时通过优秀案例解析，让学生在了解设计方法的同时明确了学习的方向和目标。

　　本书的编写安排如下：夏远编写了第1章，郑爽编写了第3章和第4章，李欣灿和张文骁共同编写了第2章和第5章，最后由郑爽负责全书的统稿、审校和完善工作。在本书的编写过程中，编者参考了大量相关专业的书籍和文献资料，在此对原作者表示衷心的感谢，教材中的部分图片素材由同学们提供，在此一并表示感谢。

　　本书虽然在编写的过程中力求讲解充分、科学，但受到客观因素的影响，难免存在疏漏之处，恳请读者及广大师生批评指正，以便在今后不断改进、完善。

编　者

目 录

习题案例答案
及课件获取方式

第 1 章

概　　论

教学目标：通过本章的学习，使学生系统掌握城市公园的定义、发展历程、功能和分类，了解城市公园的发展趋势，通过案例解析以及行业规范的介绍，让学生对城市公园有更加准确的认知和理解。

教学重点：充分了解城市公园的发展历程，掌握城市公园的功能及我国城市公园的分类。

学时分配：8学时。

1.1 城市公园的定义

2017年中华人民共和国住房和城乡建设部颁布的《城市绿地分类标准》，将城市公园定义为"公园绿地"。

城市公园定义

公园绿地是指城市中向公众开放的，以游憩为主要功能，有一定的游憩设施和服务设施，兼有健全生态、美化景观、科普教育、应急避险等综合作用的绿化用地。它是城市建设用地、城市绿地系统和城市绿色基础设施的重要组成部分，是衡量城市整体环境水平和居民生活质量的一项重要指标。

与其他类型的绿地相比，公园绿地的主要功能是为居民提供良好的户外绿化环境游憩场所，"公园绿地"的名称直接体现的是这类绿地的功能。"公园绿地"不是"公园"和"绿地"的叠加，也不是公园和其他类型绿地的并列，而是对具有公园作用的所有绿地的统称，即公园性质的绿地。

作业与思考：

1. 如何理解"城市公园"与"城市绿地"之间的关系？
2. 城市公园的定义是什么？

1.2 城市公园的发展历程

从中西方的发展历史来看，世界造园史可以追溯到六千多年前。从古埃及的墓园到古巴比伦的空中花园，再从中国古代帝王及贵族游乐和狩猎的"苑""囿"，通神、祭祀之用的"台"以及种植果蔬的"园圃"，到后来的中国古代皇家园林以及文人、士大夫建造的私家园林都记录着古人造园的历史轨迹。但真正意义上的现代公园概念的产生却是伴随着工业革命和现代城市的发展而产生的，它比园林概念的产生晚了很多年。

17—18世纪，欧洲大范围爆发的资产阶级革命，新兴的资产阶级成为新的政治力量，建立了资产阶级政权，他们将封建领主及皇室的宫苑、私园没收并向公众开放，将原本私有的园林转化为公众服务场所，并将其统称为"公园"。这些所谓的"公园"就是城市公园的早期雏形，为19世纪西方国家建设一些开放的、为大众服务的城市公园打下了坚实的基础。

1.2.1 西方城市公园的发展历程

18世纪中叶，英国发生工业革命促进了资本主义的进一步发展，建立了最初的工业城市，但同时，工业革命带来的负面影响也逐渐威胁到城市内人们的生存环境。盲目的工业建设破坏了自然生态环境。城市人口急剧膨胀，城市用地规模不断扩大，使人们离自然环境越来越远。居住在城市中的人们面临着严重的城市污染和日益恶化的生存环境。

西方城市公园的
发展历程

在这样的社会背景下，新兴的资产阶级领导者开始尝试对城市环境进行改善，他们最初的做法就是把若干私人或专用的绿地划出来，作为公共场所使用，或者新开辟一些公共绿地，来增加城市内的公共绿地，这些绿地就被称为城市公共园林（Urban Public Parks and Gardens）。18世纪，在资产阶级革命思想的影响下，英国王室的大型宫苑逐渐向公众开放。随后，美国也开展了大规模的城市公园建设热潮，并将城市公园建设与城市设计联系起来，逐渐奠定了最初的景观设计学理论基础。

1. 英国城市公园发展概况

经过两次工业革命，英国在维多利亚时代进入全盛时期，社会经济、文化全面发展。1835年英国议会通过了"私人法令"，允许在纳税人的要求下利用税收来兴建城市公园、公共园林，还进一步允许利用税收来建设下水道、环卫、园林绿地等城市基础设施。在一系列政策的推动下，19世纪40年代以后，英国出现了城市公园的建设热潮。其中颇具代表性的是1844年利物浦伯肯海德公园（Birkenhead Park，Liverpool）的建设，同一时期，英国各地除了新建城市公园外，许多皇家园林、私家园林也开始向公众开放，或者直接改造成城市公园。伦敦著名的皇家园林，如伦敦海德公园、伦敦肯辛顿公园、绿园和圣·詹姆斯公园等，都逐渐转变成对公众开放的城市公园。

1）世界上第一座真正意义上的城市公园：利物浦伯肯海德公园

利物浦伯肯海德公园在1844年由英国设计师约瑟夫·帕克斯顿（Joseph Paxton，1803—1865）设计，它是根据英国"私人法令"兴建的第一座公园，也是世界造园史上第一座真正意义上的城市公园。

在利物浦伯肯海德公园的设计中，帕克斯顿设计了一条横穿公园的马路，将公园分成南北两部分，加强了街区与市中心的联系，公园内采用了人车分流的交通模式，可供马车行驶的道路构成了公园的主环路，将各个出入口联系起来。蜿蜒曲折的园路打破了城市路网棋盘式布局的单调感。公园中一片自然野趣，生机盎然，让人流连忘返。这样的园路设计对后世公园设计具有深刻的影响。

2）伦敦海德公园

伦敦海德公园（Hyde Park，London）占地160 hm²，是英国伦敦最知名的公园（见图1-1、图1-2）。18世纪前这里是英国贵族的狩猎场。在伦敦市中心泰晤士河的西北侧，以伦敦海德公园为中心，形成一个庞大的城市公园群。伦敦海德公园的北面是极具文化气息的摄政公园，以及皇家天文台旧址格林尼治公园和伦敦动物园；西面是伦敦肯辛顿公园；东面是圣·詹姆斯公园和绿园。

1851年，在伦敦海德公园举办了万国工业博览会，帕克斯顿设计建造了著名的"水晶宫"，这是一座长564 m、宽125 m，有三层楼高，占地7.4 hm²的钢结构玻璃建筑。作为会展代表性建筑之一，博览会闭幕后，水晶宫被拆下并移走。如今的伦敦海德公园基本上保持了 19 世纪改造后的面貌。直到现在它依然是世界上著名的城市公园之一。2004 年，在伦敦海德公园西南角新建的戴安娜纪念公园（见图 1-3），成了伦敦海德公园的新亮点，并受到公众的喜爱。

图1-1　伦敦海德公园

图1-2　伦敦海德公园鸟瞰图

图1-3 伦敦海德公园西南角的戴安娜纪念公园

3）伦敦肯辛顿公园

伦敦肯辛顿公园（Kensington Garden，London）原是附属于肯辛顿宫的皇家园林，占地面积约 105 hm²，最早是海德公园的一部分，现在两园之间以曲线形人工湖为界被分开，其上有桥连接两园。北边是肯辛顿宫，作为国王和王后在伦敦的主要住所，也曾经是黛安娜王妃的寝宫。花园在肯辛顿宫的东部展开，经过多次改建，园中有美丽宽阔的林荫道及大水池，还有喷泉和纪念性雕像。现在伦敦肯辛顿公园是深受伦敦市民喜爱的散步休闲和慢跑运动场所，园林气氛也比毗邻的海德公园更加轻松宜人。

在英国伦敦，这些昔日的皇家园林占据着城市中心区最好的地段，规模宏大，占地面积约为 480 hm²，几乎连成一片，城市公园改造后成为城市公园群，对城市环境的改善起到重要作用，十分便利于市民的日常休憩活动。后来伦敦又陆续兴建了一些小公园，1889 年，伦敦公园的总面积达 1074 hm²，10 年后增加到 1483 hm²。英国城市公园建设进入快速发展期，这些建设对城市环境具有良好的提升和改善作用。

2. 美国城市公园的发展概况

进入 19 世纪中叶，美国的城市发展面临着人口增长、拥挤和贫困加剧的问题，城市居民迫切需要逃离钢筋混凝土的"森林"，利用城市公共开放空间提升生活质量。在这样的时代发展契机下，美国出现了具有影响力的"城市公园运动"。美国的城市公园建设在形式与内容上与同时期的欧洲城市公园有很多共同之处，但同时它又有着自己显著的特征。美国的城市公园建设引入了系统和整体的概念，建立了早期的城市规划理论，其城市公园建设在规模和数量上都远远超过了欧洲。同时，城市化进程与城市基础设施建设同步发展，使城市公园的布局更加合理。作为一个新兴的国家，美国城市工业化为其带来了巨大的财富，使其有能力进行大面积的城市公园建设。

了解美国的城市公园建设历史，就必须要提到被称为"美国现代景观设计之父"的弗雷德里克·劳·奥姆斯特德（Frederick Law Olmsted）。他是美国景观设计学的奠基人，同时也是美国最重要的公园设计者。他的城市公园的设计实践和设计理论对后来世界范围内的城市公园景观设计影响深远,他最著名的作品是与合伙人长尔弗特·沃克斯(Calvert Vaux)在1858—1876年共同设计的纽约中央公园。纽约中央公园的设计和建设开了现代景观设计学之先河,标志着美国现代景观设计的开端,城市景观设计已不再是少数权贵阶层的奢侈品,而是为普通公众提供身心愉悦的城市共享空间。后来奥姆斯特德又在布法罗、底特律、芝加哥和波士顿等地规划了城市公园系统,开了有计划地建设城市景观绿地系统的先例。

1)纽约中央公园

1853年纽约州议会确定了要在纽约曼哈顿修建一座大型城市公园,1858年,纽约市组织了中央公园设计方案竞赛,建筑师沃克斯邀请奥姆斯特德合作投标,最终他们的设计方案成功中标,成就了一个城市公园建设历史上的经典案例(见图1-4、图1-5)。

纽约中央公园坐落在纽约曼哈顿岛的中央,是纽约最大的城市公园,南北长约4100 m,东西宽约830 m,占地面积约340 hm^2,被誉为纽约的"后花园"。设计师奥姆斯特德和沃克斯设计了以田园风光为主要特色的城市公园,并将四条城市道路从地下穿越公园,确保了公园空间的完整性。公园中的步行道总长93 km,有9000张长椅和6000棵树木,每年吸引游客多达2500万人次,园内有动物园、运动场、美术馆、剧院等各种设施。园内采取人车分流的交通体系,为游客创造了更加安全的游览空间。精心设计的公园空间,将游客从拥挤的城市吸引到充满活力的公园,这体现了自然主义的设计理念。即使在今天纽约高楼大厦的环抱下,由岩石和树林形成的封闭空间依然使纽约中央公园犹如与世隔绝的森林仙踪。

图1-4　纽约中央公园全景

图1-5 纽约中央公园实景

纽约中央公园作为大规模的风景式公园建设的典范，是美国城市公园发展史上的里程碑。在公园设计理念上，奥姆斯特德发展了城市景观设计的系统性原则。例如：城市公园设计要与自然和谐；城市公园应当具备完善的市政基础设施，细部设计应服从公园总体设计；划分不同的功能区用地，彼此分开并相互独立；保护自然景观，尽量避免采取规则式构图形式；公园中心区域应确保留有大规模的草地；在植物种植上选用乡土树种；公园园路要采取流畅的曲线形式，园路都应成环路，并以主园路划分出不同的区域，同时与公园周边的城市道路产生联系。这些城市公园设计理念对后来的城市公园设计影响深远。

2）美国波士顿城市公园体系

美国波士顿城市公园体系有着"绿宝石项链"的美誉，占地总面积约 450 hm²，共分为九个部分。它起于波士顿"公有绿地"，止于富兰克林公园，全程 11.2 km。这些首尾相连的公园，远远看上去像镶嵌在大地上的绿宝石，因此被称为"绿宝石项链"。

奥姆斯特德规划的波士顿城市公园系统，最大的特点在于引入了系统的概念，通过一系列公园式道路或滨河散步道，将分散在城市中的各个公园串联起来，共同构成一个完整的公园系统。这个完整的公园系统在满足人们休闲娱乐需求的同时，也解决了困扰波士顿城市建设多年的排水问题。

1.2.2 中国城市公园的发展历程

中国古典园林发展的历史源远流长，但中国传统园林与现代城市公园的设计和建设，在功能、形式与设计理念上均有着很大的差异。中国近代城市公园发展史是伴随着鸦片战争所带来的社会政治经济的巨变而诞生的。伴随着中国封建社会经济逐渐解体，近代中国城市生活的内容与城市结构也发生了相应的变化。清朝末年，中国一些沿海城市出现了租界公园，随着清王朝的覆灭，一部分皇家园林、私家园林被改造为公园向公众开放，成了那个特殊时代的城市公园。而后从抗日战争到1949年期间，由于民族灾难的深重，中国的城市公园建设基本停止。新中国成立后，基于党和政府的支持和鼓励，从人民群众的需求出发，城市公园的建设才逐渐受到重视。

1840年鸦片战争之后，中国沦为半殖民地半封建社会。西方列强利用不平等条约在中国设立租界，为满足租界游憩活动的需要在租界内建造公园，并引入了大量的西方造园艺术，当时称之为"公花园"。早期的租界公园仅供外国人和所谓的"高等华人"使用，禁止普通民众进入。

租界公园的出现是中国城市公园发展的一个特殊历史现象，影响了中国城市公园的建设历史。这一时期的公园在功能、布局和风格上不同于传统的中国园林，而是呈现了明显的西方化特点，具有英式自然风景园和法国勒诺特尔式园林的特征，这样的风格极大影响了后期我国自建公园的布局形态和模式。其中较为著名的租界公园有建于1868年的上海外滩公园、建于1900年的上海虹口公园、建于1908年的法国公园（今上海复兴公园）等。

上海外滩公园（现名为黄浦公园）（见图1-6、图1-7）是在西方造园思想的指导下进行的殖民形式的园林建设，其不同于同时代西方国家倡导的自由平等、开放自然的城市公园建设理念，全园面积约2.03hm²，耗资白银9600两，所有权属工部局，并成立了一个公园管理委员会，每年投资1000～2000两白银作为维护经费。作为中国的第一座城市公园，上海外滩公园直到1928年才对国人开放，因此，上海外滩公园只能算是为少数人服务的绿地花园，并不是一座真正的现代城市公园。

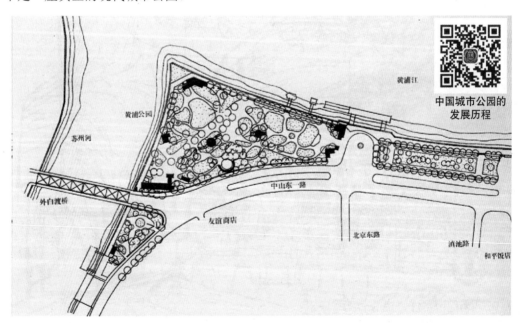

中国城市公园的发展历程

图1-6　上海外滩公园平面图

图1-7 1918年的上海外滩公园

　　上海复兴公园（见图1-8、图1-9）是上海唯一保留法国古典主义造园样式的园林，也是近代上海中西园林文化交融的杰作，曾经被誉为"上海的卢森堡公园"。公园的布局采取了规则式与自然式相结合的形式。北部、中部以规则式布局为主，设音乐亭、喷水池和沉床式花坛。西部、南部以自然式布局为主，有假山区、荷花池、小溪、曲径小路等。公园融中西方造园样式为一体，突出了法国规则式造园风格。从1914年起，除抗日战争时期外，公园每年举行花卉盆景展览，尤其是菊花展览更是全市闻名，吸引了成千上万的市民前来参观。

图1-8 上海复兴公园实景（1）

图1-9　上海复兴公园实景（2）

　　随着资产阶级思想在中国的传播，清朝末年中国出现了第一批自建的城市公园，如建于1904年的齐齐哈尔龙沙公园、建于1905年的无锡城中公园、建于1906年的北京农事试验场（今北京动物园）、建于1911年的成都少城公园（今成都人民公园）等。新中国成立后，这些带有西方公园布局特点的公园形式逐渐为中国人所接受，成为中国近代城市公园的雏形。

　　辛亥革命后，在一批民主主义人士的极力倡导下，我国广州、南京、昆明、汉口、北平、长沙、厦门等主要大城市开展了一批公园建设活动，自此我国进入自主公园建设的第一个快速发展时期。到抗日战争前夕，全国已建有城市公园数百个。但从20世纪30年代到1949年前，由于战争的摧残、国民政府的腐败，城市建设基本停滞，各地的公园建设也进入了停滞期。在这一时期，国民政府将一些庙宇、皇家园林、风景名胜先后整理改建成公园，如北京先农坛1917年改名为城南公园；北京社稷坛（见图1-10）在1914年改建为中央公园（1928年改名为中山公园）。

　　新中国成立后，国家百废待兴，公园建设工作受到了经济、思想、技术上的限制，在新中国成立前遗留的近代城市公园和纪念性园林的基础上，以苏联的文化休息公园为模板，大量兴建了为广大人民群众服务的各种类型的公园。公园的数量不断增多，类型日趋丰富，规划建设及公园的管理水平也不断在提高和完善。

　　新中国成立后中国现代城市公园建设的发展经历了五个阶段。

　　1）恢复、建设阶段（1949—1959年）

　　1953年，我国开始实施发展国民经济的第一个五年计划，城市园林绿化恢复进入有计划、有步骤的建设阶段，许多城市开始新建公园。1958年，中央提出"大地园林化"的号召，对当时城市公园建设事业的发展起到了一定的推动作用。截至1959年年底，全国共有城市公园509座。这一时期的公园建设以恢复和扩建、改建原有公园为主，并学习苏联的建设经验，公园强调教育和休息相结合，重视群体性和政治性活动。

图1-10 北京社稷坛实景

2）调整阶段（1960—1965年）

调整阶段的园林绿化建设陷入瓶颈期。国家财政陷入空前危机，为渡过难关，出现了"园林综合生产""以园养园"的现象以及公园农场化和林场化的倾向。

3）停滞阶段（1966—1976年）

由于特殊的历史原因，打断了经济的正常发展，这一时期国家对园林事业的投资极少。城市公园的建设和管理也因此陷入停滞。

4）蓬勃发展阶段（1977—1989年）

党的十一届三中全会召开后，我国的园林绿化事业得到了恢复和发展。1978年12月，国家基本建设委员会召开第三次全国城市园林绿化工作会议，会议首次提出了近期（1985年）、远期（2000年）城市园林绿化的指标。1981年12月，第五届全国人民代表大会第四次会议通过了《关于开展全民义务植树运动的决议》，各级政府在城市建设中贯彻"普通绿化和重点美化相结合"的方针，并取得了较好的效果。这一时期的公园建设开始注重追求经济利益，商业游乐设施开始增多。

5）巩固前进阶段（1990年至今）

20世纪90年代以后，随着城市化进程的加快，城市环境问题越来越突出，伴随着创建园林城市的活动在全国普遍开展，以及城市建设的大发展，我国城市公园建设也经历了一个高速发展的阶段。1994年中华人民共和国建设部实施《城市绿化规划建设指标的规定》，进一步明确了城市绿地的分类体系，并根据城市规模，对城市公园服务半径覆盖率、城市人均公园绿地面积、公园绿地功能性评价值、公园管理规范化率等指标提出了相应的具体要求，让有限的绿地发挥更高的生态效益和环境效益，使城市公园的建设更具科学性。

随着我国经济持续高速增长，城市公园建设的速度也普遍加快，管理水平也明显提高。

城市公园不仅在数量上有所增加，而且在设计理念上也有了重大的变化。生态理念的提出，提高了人民对城市公园的功能和作用的认识水平，城市公园在改善城市环境、维持城市生态平衡方面的作用越来越成为民众的普遍共识，同时城市中生物多样性的研究、绿地效益的研究、植被的研究都为城市公园建设打下了坚实的理论基础，推动我国城市公园建设向更高的水平迈进。

作业与思考：

1. 简述西方城市公园发展的历史背景。
2. 中国城市公园的发展和建设基础是什么？

1.3 城市公园的功能

在城市发展越发完善和多元化的今天，城市公园除了美化环境、为市民提供游憩休闲场所的功能之外，在提升城市形象、增加城市核心竞争力以及完善城市生态环境方面，也发挥着极其重要的作用。城市公园的功能具体如下。

1. 社会服务功能

城市公园作为重要的城市绿地类型，其本质是服务于城市居民的公众绿色基础设施，具有休闲娱乐的自然属性，为城市居民提供更多的日常户外活动场地，为公众提供了更多的绿色休闲场地。城市公园的社会服务功能可以细分为休憩活动功能和社会交往功能。

1）休憩活动功能

作为城市公园最典型的功能，现代城市公园为城市居民提供了具有一定使用功能的自然化休憩空间，从而满足城市居民休闲、游憩互动的需要。

随着城市经济的快速发展、城市化程度的不断加强，城市中为人们提供的户外日常活动场所越来越少。城市公园的建设和完善就是为居民提供更多的城市绿色空间，为城市居民提供一个休闲活动的平台。随着全民健身运动的开展和人们健康意识的增强，城市居民对城市公园开展体育锻炼活动的需求也越来越高。作为城市的主要绿色空间，城市公园在满足人们闲暇时间的日常运动、休闲锻炼、亲子活动的同时，也起到了净化空气、降低辐射、调节气候等重要作用，为城市提供了可供公众享受的绿色休闲场地，从而推动了城市生活质量的提高。

2）社会交往功能

城市公园不仅为人们提供了休憩活动的场所，同时也为城市居民日常社会交往提供了一个宜人的户外空间，有利于增加不同社会背景及年龄层次的人群之间的社会联系，从而使城市居民个体可以更好地融入社会。城市公园也为城市中举办各项公众活动及节日庆典提供了场所。舒适的户外空间可以吸引人流聚集，提高人们社会交往的频率。在城市公园中，比较典型的社会交互空间设计，如大型综合公园往往会设计活动广场，经常与主要道路相连接，形成大型集会的人流聚集场所，为节日庆典以及大型活动的举办提供便利。

2. 维护城市生态功能

城市公园是城市生态系统的重要组成部分，其维护城市生态的功能主要表现在以下四个方面。

（1）调节区域微气候。城市公园的绿地与水体可有效调节区域内近地面的空气温度和相对湿度，并构建通风廊道，降低城市的热岛效应。

（2）涵养降水，减少地表径流。城市公园丰富的植物种植可以减少降雨径流、减少径流产生的污染及外排，起到调节和补充地下水资源、保持水土的作用。

（3）净化城市空气中的有害物质，维持氧和二氧化碳的平衡。城市公园的绿色植物通过光合作用吸收二氧化碳，释放氧气，是城市中的天然氧吧。公园中的园林植物对净化空气有独特的作用，能够吸滞烟灰和粉尘，吸附有害气体，有效缓解空气污染。

（4）维持生物多样性，为鸟类和昆虫提供食物和栖息地，保障生物群落及生态作用的丰富性和多样化。城市公园作为城市中心的重要区域，有多种自然生态环境类型，如混交林、游憩草坪、灌木丛、湿地、湖泊等，可以增强整个城市的生态环境多样性，从而提升城市整体的生物多样性。

3. 文教科普功能

城市公园不仅满足城市居民户外休闲娱乐活动的需求，不同城市的公园也是不同地区地域文化、生态文化传播的重要媒介，满足了地方教育、文化纪念、宣传展示、展览、科普文教等功能。近年来，城市公园建设越来越重视对地域文化的建设发掘，突破城市公园建设中"千园一面"的问题，让每个城市公园成为本地城市文化的名片。同时，很多具有悠久文化历史的城市也基于本地的历史文化遗址，建设文化遗址公园，使其成为城市文化的展示窗口，让城市公园的文教科普功能得以进一步提升。

1）城市公园具有防灾避险的安全功能

城市公园是城市防灾避险的重要场所，是医疗救援、物资中转与发放的重要基地，其中最重要的是应对地震灾害，当地震发生时，各类城市公园均成了避灾、救灾的基地。同时，城市公园在灾后安置重建中也起到了重要的作用。在城市建设中要重视城市公园防灾避险功能的挖掘，使城市建设与防灾保障保持平衡，并将以城市公园为代表的城市绿地系统打造成一个有生命力的基础设施，有效防御、改善和维护城市生态安全和居民的人身财产安全。

2）城市公园具有经济功能

城市公园在改善城市生态环境面貌的同时，也带动了公园周围经济建设的发展。这其中包括直接经济效益和间接经济效益。直接经济效益是指公园相关服务带来的直接的经济收入，如公园本身的营利性游玩项目等；间接经济效益是指公园绿地建设带来的良性生态效益和社会效益，如带动周边旅游业的发展、吸引投资、带动第三产业发展、提升周边土地价值及房地产价格等。

作业与思考：

1. 现代城市公园的主要功能是什么？

2. 怎样理解城市公园的社会服务功能和维护城市生态功能？

1.4 城市公园的分类

城市公园分类

每个国家的城市公园采取的分类方式是不同的,以下针对德国、美国及日本和我国的城市公园分类进行简要的介绍。

1. 德国、美国及日本的城市公园分类

德国的城市公园大致分为八类,即郊外森林公园、国民公园、运动场及游戏场、各种广场、有行道树的装饰道路(花园路)等。

美国的城市公园按土地和管理权属的差别,可分为国家公园、州立公园以及县市公园、其他组织或个人所有但向公众开放的公园和开放空间;按照游憩活动的差异,可分为悦动型公园、静憩型公园;按照建设模式的不同,可分为自然游憩地、设计型公园、未开发绿地;按照使用群体和服务细分,可分为公园、游憩中心、游乐场、口袋公园、宠物公园;按照服务范围的差异,可分为区域公园和社区公园。

日本的城市公园分为儿童公园、近邻公园、地区公园、综合公园、运动公园、广域公园、风景公园、植物园、动物园和历史名园十种类型。

德国、美国以及日本的公园分类系统满足了不同人群的休闲需求,了解各国的城市公园建设分类标准,对我国的城市公园建设具有一定的参考价值。

2. 我国的城市公园分类

随着我国城市绿地的发展,为了统一全国城市绿地分类,2002年中华人民共和国建设部发布了《城市绿地分类标准》(CJJ/T 85—2002)。2017年,中华人民共和国住房和城乡建设部在之前城市绿地分类标准的基础上,公布了《城市绿地分类标准》(CJJ/T 85—2017)并于2018年6月1日起正式实施。在2017年的《城市绿地分类标准》中,对城市绿地进行了系统分类,划分为5个大类、15个中类、11个小类,其中5个大类分别为公园绿地、防护绿地、广场用地、附属绿地和区域绿地。

按照2017年《城市绿地分类标准》(CJJ/T 85—2017)中的公园绿地的主要功能和内容划分标准,将公园绿地划分为4个中类,分别是综合公园、社区公园、专类公园和游园(见表1-1)。

社区公园是指用地独立,具有基本的游憩和服务设施,主要为一定社区范围内的居民就近开展日常休闲活动服务的绿地。比如梅丰社区公园,该场地设计以"开放、生态、多元"为原则,对场地及周边进行系统梳理,拆除围墙打开公园的边界,提高公园与城市街道和小区的可达性。

专类公园是指具有特定内容或形式,有相应的游憩和服务设施的绿地。专类公园又分为动物园、植物园、历史名园、遗址公园、游乐公园和其他专类公园6个小类。

游园是指除以上各种公园绿地外,用地独立,规模较小或形状多样,方便居民就近进入,具有一定游憩功能的绿地。游园没有下级分类。例如,西安环城公园(见图1-11)就是依托西安城墙遗址建设的带状游园。近年来,在城市公园建设中常见的口袋公园也属于游园的类别。

表1-1　城市建设用地内的绿地分类和代码（2017）（公园绿地分类）

类别代码			类别名称	内　容	备　注
大类	中类	小类			
	公园绿地			向公众开放，以游憩为主要功能，兼具生态、景观、文教和应急避险等功能，有一定游憩和服务设施的绿地	
		G11	综合公园	内容丰富，适合开展各类户外活动，具有完善的游憩和配套管理服务设施的绿地	规模宜大于10 hm²
		G12	社区公园	用地独立，具有基本的游憩和服务设施，主要为一定社区范围内的居民就近开展日常休闲活动服务的绿地	规模宜大于1 hm²
G1	专类公园			具有特定内容或形式，有相应的游憩和服务设施的绿地	
	G13	G131	动物园	在人工饲养条件下，移地保护野生动物，进行动物饲养、繁殖等科学研究，并供科普、观赏、游憩等活动，具有良好设施和解说标识系统的绿地	
		G132	植物园	进行植物科学研究、引种驯化、植物保护，并供观赏、游憩及科普等活动，具有良好设施和解说标识系统的绿地	
		G133	历史名园	体现一定历史时期代表性的造园艺术，需要特别保护的园林	
		G134	遗址公园	以重要遗址及其背景环境为主形成的，在遗址保护和展示等方面具有示范意义，并具有文化、游憩等功能的绿地	
		G135	游乐公园	单独设置，具有大型游乐设施，生态环境较好的绿地	
		G139	其他专类公园	除以上各种专类公园外，具有特定主题内容的绿地。主要包括儿童公园、体育健身公园、滨水公园、纪念性公园、雕塑公园以及位于城市建设用地内的风景名胜公园、城市湿地公园和森林公园等	绿化占地比例应大于或等于65%
		G14	游园	除以上各种公园绿地外，用地独立，规模较小或形状多样，方便居民就近进入，具有一定游憩功能的绿地	带状游园的宽度宜大于12 m；绿化占地比例应大于或等于65%

图1-11　西安环城公园

作业与思考：

1. 简述我国城市公园的主要分类。
2. 简述我国城市公园中专类公园的分类情况。

1.5　城市公园的设计趋势

20世纪初，城市公园设计和建设的综合性和实用性越来越受到关注，城市公园设计不仅仅停留在景观设计的领域，在设计和建设的过程中，其更加注重综合性和学科的交叉融合，城市公园设计往往涵盖了园林、植物、生物、工程、建筑、社会学、城市规划等多个领域，在这些领域中，其美学体验、生态平衡、经营管理和实用服务等价值均受到关注。20世纪60年代起，西方各国面临日益严重的生态危机，使人们越发关注城市生态环境，开始重视城市生态设计理论研究和实践活动，城市公园的发展呈现多元化、多层次的发展趋势。

城市公园的
设计趋势

1）城市公园的设计借鉴多种艺术形式

城市公园的设计借鉴的艺术形式包括大地艺术、极简艺术、波普艺术和解构主义等，体现了设计中艺术性的特点。

2）城市公园功能呈现综合化与多元化的趋势

城市公园从最初单纯的自然风景到基础设施的增加，再到运动休闲观念的提出及活动场所体系的形成，发展到今天，已经成为集休闲、娱乐、运动、文化、生态和科技于一体的大型综合公园，城市公园的功能与内涵越发丰富，形式也越来越多样化。顺应现代城市发展的复杂化和多样化的社会需求，城市公园的发展也呈现综合性和多元化的发展趋势。

3）城市公园设计的生态化水平越来越高

城市公园建设越来越重视通过节能、生态绿化等技术使公园的生态系统达到良性平衡，降低维护成本，提高公园建设的生态化水平。

4）城市公园的服务更加人性化、智能化

城市公园的设计越来越充分考虑到人的主体地位和人与环境的关系，关注人的生理需求和心理需求，满足不同层次使用者对户外空间的功能需求，体现出对人性的关怀和尊重。同时增加了对智能化技术的应用，一批城市智慧公园的建设，使城市公园的面貌与科技的发展同步。

作业与思考：

1. 阐述城市公园未来的发展趋势以及公园景观设计的趋势。
2. 简述未来城市公园智慧化设计的发展趋势。

第2章

城市公园环境空间设计

　　教学目标：通过本章的学习，使学生充分理解城市公园的分区规划，熟知城市公园常见的空间形态、规划布局原则，掌握空间层次设计及规划布局形式。通过案例解析的方式，让学生对城市公园的环境空间设计方法有更加整体的认知。

　　教学重点：能够区分公园的功能分区和景观分区规划，了解不同类型的人群在公园中的活动方式，并分析其对设计的影响。掌握城市公园空间层次设计及规划布局形式。

　　学时分配：12学时。

2.1 城市公园的分区规划

　　城市公园的分区规划包括场地的功能分区、景观分区，并且结合对场地使用人群的分析可以得出场地所需的主要功能。其中功能分区是非常重要的一个环节，不同的设计主题需要依托功能分区来进行表现，满足城市公园的使用功能，这样场地的设计才具有意义。一般综合公园中功能分区较为全面，而专类公园中则可根据具体的侧重点进行功能的细分和规划。景观分区则是对场地中的景观资源进行分类后进行分区设计，方便游客对不同类型的景观区域进行游览。

2.1.1 城市公园的功能分区

　　在景观设计中，对原场地进行功能分区是必不可少的一个环节，这一环节也是从始至终指导着设计师进行规划设计的一个重要步骤。景观的功能分区，是指在景观基地完整的范围内，对场地进行再划分，形成各个不同的区域，以满足景观功能或主题组织等需求。景观的功能分区属于整个景观设计的规划决策阶段，为接下来的空间结构、交通流线组织等步骤都奠定了基础。

功能分区

　　景观的功能分区受19世纪80—90年代兴起的"功能主义"建筑理念的影响，也要求景观场地内，以向使用者提供休憩娱乐为主的功能，来满足人们户外活动的需求。建筑设计师路易斯·沙利文（Lonis Sullivan）针对19世纪出现的复古主义过分强调设计形式的思潮，提出了"形式随从功能，功能不变形式就不变"的说法。而后成立的包豪斯学院就是"功能主义"思想的拥护者和支持者。而现代景观设计师盖瑞特·埃克博（Garrett Eckbo）则说，如果设计只考虑美观，就是缺乏内在的社会合理性和奢侈品。而城市公园的功能区域划分最早出现在苏联的莫斯科。1928年，莫斯科修建的高尔基公园就有了较为科学的功能分区，对道路、广场、绿化等区域的占地比例也有了详细的规定。20世纪50年代，中国受苏联公园设计的影响，并结合我国的情况，逐步发展出我国的功能分区的规划理论，其中强调了在公园的规划分区中科教文化宣传展示和休闲游憩活动应相结合。

　　但与建筑不同，在景观设计中，功能的界定并不是那么明确和精准，反而表现出更多包容和自由的特质。设计师应考虑到同一场地，功能区内可适用于多种类型的活动，满足多种需求。如一块草坪，在进行功能分区时尽可能不要局限地将其规划为"野餐用地"，而是选择将其规划为"休憩草地""中央公共草坪"等（见图2-1），给游览者提供进行更多类型活动的可能。游览者可以选择在草坪上晒太阳、放风筝、野餐等一系列户外活动。

图2-1　香港海滨道公园中央公共绿地

1. 功能区域的类型

对于不同类型的功能区，其对应所需的区域大小、承载人数与人流量、位置关系等都有所不同。在进行功能分区时，需要根据各功能区域的特性和与其他部分的联系，将各个功能区域合理、合规地有序融入场地中。给每个区域安排各自的位置，确定它们各自的范围和大小，以及考虑它们互相之间是否需要产生联系。

日本当代著名建筑师芦原义信所著的《外部空间设计》一书中，对空间进行了分类。按照空间的使用性质，可将功能区分为公共区域和半公共区域、私密区域；按照空间的边界形态可分为封闭区域、开敞区域和中界区域；按照空间的位置分为外部空间、内部空间和半外部空间；按照空间的集合性则分为多数集合空间、中数集合空间和少数集合空间；按照空间的流动性可分为动态空间、静态空间和流动空间。

因此，在进行功能分区时，需同时考虑以下两个方面，才能决定各个功能区域之间的关系。

1）动静分区

在景观的功能区域中，因每个区域进行的活动类型不同，各个区域所产生的噪声大小也不同。通常以动态活动为主要功能的场地，我们称为动区，也称为"闹区"，因为其产生的噪声分贝更高，对周边环境和人的影响更为明显，如乒乓球区域（见图2-2）、篮球场等。反之，以安静休憩类活动为主要功能的区域，我们称为静区。静区产生的噪声分贝较小，对周边环境的影响也明显弱于动区，如休憩区（见图2-3）、观赏区。在功能分区时，应该将动区和静区分开进行布局，以避免彼此之间的噪声互相影响，并且在布局动区时应该采取一些噪声隔离的措施，并尽量和居民区域保持一定距离。

2）开闭分区

在景观场地的使用过程中，为了满足人们在户外的公共需求和私密需求，在空间上需要设计开敞区域、封闭区域以及半封闭区域三种不同的空间形式。根据不同功能区域的需要，选择适当的空间形式是有必要的。例如，通常户外运动类的场地整体都是较为开敞的区域，方便人们运动时有足够的移动空间和通透的视线；而户外洽谈区域，尤其是2～3人使用的谈话区域通常会保持一定的私密性，因此常选择为半封闭或封闭区域。不同空间类型的功能区域之间，根据私密程度决定其是否与周边产生连接，也决定到达该场地的道路数量多少。

图2-2　温哥华协和社区快闪公园的乒乓球区域　　　　图2-3　美国铁路公园的休憩区

2. 功能区域的设计要点

　　现代的城市公园主要承载了周边居民的户外休闲娱乐活动，因此在进行公园的功能分区设计时应该依据以人为本的设计原则，关注使用者的精神需求、生理需求、审美需求等各个方面，从而设计出功能与形式相结合的综合类现代城市公园。2016年，中华人民共和国住房和城乡建设部发布的《公园设计规范》（GB 51192—2016）中明确提出应根据公园性质、规模和功能来确定各功能区的规模、布局。综合公园应设置游览、休闲、健身、儿童游戏、运动、科普等多种设施，面积不应小于 5hm²，如图 2-4、图 2-5 所示。因此，在现代城市公园中，通常包含以下几种功能区域。

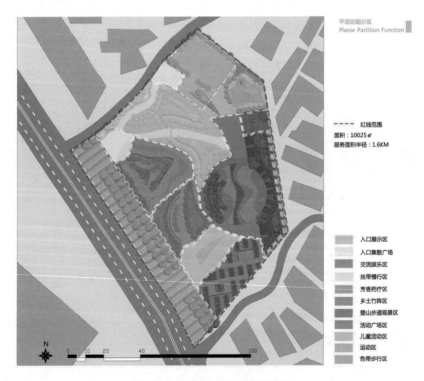

平面功能分区
Planar Partition Function

- - - - 红线范围
面积：10025㎡
服务面积半径：1.6KM

入口展示区
入口集散广场
交流娱乐区
丝带慢行区
芳香药疗区
乡土竹阵区
登山步道观景区
活动广场区
儿童活动区
运动区
色带步行区

图2-4　东坡赤壁园功能分区图

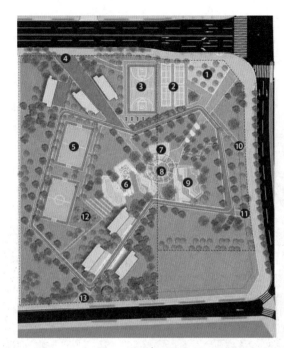

① 主入口树阵广场
② 羽毛球场
③ 篮球场
④ 北次入口
⑤ 五人制足球场
⑥ 儿童乐园
⑦ 青年健身场
⑧ 景观廊架
⑨ 健身场
⑩ 东侧次入口1
⑪ 东侧次入口2
⑫ 林下休憩空间
⑬ 南次入口

图2-5　重庆心湖北体育文化公园平面图

1）观赏与休憩区域

观赏与休憩区域通常属于静态区域，也是一个城市公园的功能主体之一。它为游览人群提供休息、交谈、停留等静态行为所需要的场地。它通常与观赏功能相结合，让游览者在或坐或站休息的同时也能够有景可观。同时为了保证休憩区的静谧感和一定的私密性，可适当地种植花草树木，形成障景，也在一定程度上隔绝了噪声。这个区域要求游客密度较小，每个游客所占的用地定额较大，一般为 100 m³/人，因此在公园内占有较大面积的用地，常为公园的重要部分。在休憩区域，如休闲小广场等功能区，可用雕塑、喷泉、水景等作为点景，或者搭配绿化组成有主题有意境的景致，在空间中形成视线焦点，吸引游客的注意，实现该区域的观赏价值。哈尔滨文化中心湿地公园（见图2-6）将 13 个平台和亭子沿着长 6 km 的木板路和天桥进行设置，让休闲空间与观赏功能相结合，提供了观赏湿地公园和城市的绝佳角度。

休憩区的公共设施需要充分考虑游客的需求，依据人体工程学原理，控制桌椅的高度、大小、倾斜度等。根据该场地所能承载的人数，设置座位数量；根据该场地的社交性质，决定座位形式。以面对面交流为主的场地，可设置环形座位，或户外卡座的形式。而在社交需求较低的公共集中休憩区，则以连排座椅为主，甚至可适当隔开每组座椅间的距离。同时，公共设施的颜色、材质等应与周边环境的设计相统一，也需要满足人们的心理需求和生理需求。与之搭配的饮水机、垃圾桶、导视系统、照明系统等进行设计时也需要相互协调。如此才能将观赏与休憩区域的舒适性表现得更为恰当。

2）休闲散步区域

散步是人们在公园进行的常见活动之一，通常公园应为游客规划散步路线，但在一些中小型的公园里，散步区域可能会与二级或三级道路重合，使用合并功能进行散步。散步的区域通常也需要一定的静谧性，并且步伐缓慢，噪声较小，所以散步区域也需要一些树木进行隔绝和遮挡。同时，绿植在散步区域具有一定的观赏性（见图2-7），在散步的过程中人们可以通过观赏绿植来缓解眼睛疲劳，达到解压的目的。同时，道路两侧不断变化的花草树木，也能使人们散步的过程富有变化，从而增添散步的趣味性，并满足人们亲近自然、亲近绿植的需求。散步区域可以贯穿整个园区，在散步的过程中可以经过各个景观节点，游客可以欣赏不同的景色、缓解审美疲劳。在步道的铺装上通常采用一些便于行走、防滑的铺装材质，如木栈道、石板路、混凝土防滑步道砖、塑胶、草嵌石板等。

图2-6　哈尔滨文化中心湿地公园

图2-7　塞拉维斯公园树冠步道

3）运动健身区域

运动健身区域是典型的动态区域，在使用过程中存在一定的噪声，所以通常被划在远离静谧区域的地方，且周围有隔绝噪声、防止扬尘的措施，如通过绿篱隔绝噪声或建立隔音墙。城市公园的运动区域通常包括篮球场、足球场（见图2-8）、旱冰场跑道（见图2-9）和健身器械区等。

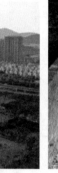

图2-8　临平体育公园足球场

图2-9　意大利拉文纳滑板公园的旱冰场跑道

运动类的场地通常要求场地地形平坦，以塑胶橡胶铺装为主，满足平整防滑耐磨、耐洗的要求，同时要求弹性好，能防紫外线，耐酸碱盐，以保障场地内运动人群的安全，并且场地中尽量不要种植绿植和放置小品从而保障场地内行动和视线的安全。在一些运动场地周围可用防护网进行隔离，如篮球场、网球场等，以防误伤周围路过的人群。而滑板场地、旱冰场地等则应按需要添加把杆等安全措施，并提供场地活动所需的起伏地形。如滑板场地需要的大碗池、U形池等。通常运动类场地要有良好的可达性，周围交通道路便捷，但场地内部不允许机动车穿行。场地附件需要搭配相应的运动员休息区域、饮水机、公厕等基础设施。休息区域需有良好的遮阴条件和避雨措施。而反之运动场地要求有合适的光照条件，应满足日照条件好、空气流通的要求。充足的光照和流通的空气能促进人体的血液循环，加速新陈代谢，调节人体免疫功能，提高健身效果。但是，应尽量避免阳光直射运动员的眼睛。因此，运动场地的朝向也需要特别考虑。例如，我国的室外篮球场，通常以南北朝向为主，这样就能避免东西向的阳光直射。

在运动场地的植物配置上，避免配置有刺激性、有异味、易致敏、有毒的植物，如黄蝉和夹竹桃；有刺植物，如蔷薇科植物；飞絮过多的植物，如杨树、柳树、梧桐等。

为了满足多种运动需求，一些公园可适当地把两种或多种运动场地叠加融合在一个功能区内，分不同的时间段使用，来实现同一场地包容不同的使用功能。例如，丹麦哥本哈根的超级线性公园将篮球场地和滑板场地结合使用（见图2-10）。

4）公共娱乐区域

公共娱乐区域主要承担集中性的人群活动,如芝加哥千禧公园露天音乐厅的户外演出（见图2-11）、露天电影放映、跳蚤市场等可供公众参与的娱乐活动。它是一个典型的动态活动为主的区域，甚至该场地不同时间段可以承接不同的活动满足游览者的各种需求。如白天可作为复古集市、二手市场供游客游览，晚上可作为小剧场举办演出等，表演结束后还可以作为散步的游客休息停留的区域。该区域通常是较为重要的景观节点，需要承载较大的人群流动量和聚集的人群。园内一些主要建筑也配置在这里，因此公共娱乐区常位于公园的中部，成为公园布局的重点。布置时也要注意避免区内各项活动之间的相互干扰，使有干扰的活动项目之间保持一定的距离，并利用树木、建筑、地形等加以分隔，以避免不必要的拥挤。用地定额一般为 30 m³/人。规划这类用地要考虑设置足够的道路广场和生活服务设施。在交通上具有良好的可达性，且连接各个其他功能区。周边的景观布局优美，层次感丰富，具有一定的主题性。由于其位置重要醒目，通常需要承担一定的文化展示功能。

公共娱乐区域需要给游客提供集中的休息座椅，在遮阴和避雨上也需要多加考虑。通过绿植和景观构筑物、建筑物结合来增加该休息区域的舒适性。同时为了保证观众观看方便，小剧场应保证视野开阔。

图2-10　丹麦哥本哈根超级线性公园

图2-11　芝加哥千禧公园露天音乐厅

如美国 Luuwit 公园的多功能庇护所（见图 2-12），提供了一个可供游客野餐聚会和举办夏季音乐会的灵活空间。

图2-12 美国Luuwit公园的多功能庇护所

在光照方面，需要保证公共娱乐区域日照条件良好，且满足一定的避风条件，夜间要有良好的照明系统保证该区域的可见性，但光照不宜过于刺眼。

公共娱乐区域区域通常整体平坦开阔，以硬质铺装为主，但场地内部又有一定的高差变化，通过阶梯、下沉小广场、地台等形式让场地空间层次感更丰富，视线变化上更多样。色彩、材质、肌理、图案在整个区域中相互搭配、相互协调。

安顺虹山湖市民公园的公共娱乐区域保留旧公园优良大树，延续场地记忆，同时建立起与现代人的休闲需求相适应的功能场地，重新激发绿色空间，新场地唤醒旧公园的活力，二者原有的树木支撑新场地，相得益彰，如图2-13、图2-14所示。

图2-13 安顺虹山湖市民公园公共娱乐区夜景效果

图2-14 安顺虹山湖市民公园

5）儿童活动区域

公园中的儿童一般占游客数量的 15% ~ 30%，但这个占比与公园在城市中的位置关系较大。在居住区附近的公园，儿童人数所占比重较大，而离大片居住区较远的公园儿童人数则所占比重较小。儿童活动区域主要是为附近居住的儿童提供一个集中游戏活动的区域。儿童活动区域首先应该是视线通透，满足家长监护儿童的需求，同时拥有充足的光照，也应有一定的遮挡，能够避免强风和暴雨。因此，在空间上可设置开敞空间和半封闭空间。

儿童活动的区域内不能有机动车通行，离交通主干道也要有一定距离，尽可能让儿童远离和隔绝噪声和尾气。同时，儿童区域是一个动态区域，需要和静态区域隔离，但是可以设置相应的休息区域供看护儿童的成年人休息。

在公共设施的设计上需要以儿童的尺度需求为主，兼顾考虑成年人。座椅、饮水机等都应适当降低高度，从而方便儿童使用。儿童游戏设施应避免出现尖锐角，根据情况可设置警示牌或保护栏。场地内除了考虑儿童的游戏和活动外，也可以考虑适当组织一些亲子活动，让家长也参与到游戏中，提供家长陪伴孩子游玩的机会，营造温馨的家庭氛围。

出入口区域需要有明确标识，可放置儿童喜欢的视觉形象等来吸引儿童的注意力，引导儿童进入该区域。

地面铺装宜采用色彩多、图案变化丰富的软塑胶材质（见图 2-15），在吸引儿童兴趣的同时也能保障儿童的安全。同时也可以考虑草坪、沙地、木屑等自然软性材质，不仅能增加儿童的娱乐性，还能让儿童接触大自然。儿童对色彩的感知力还未发育完全，因此可以通过高饱和度的色彩来吸引儿童的注意力，通过他们喜爱、熟悉的图案来勾起他们的游玩兴趣（见图 2-16）。

儿童活动区域周边配置的植物应以花果色泽鲜艳的植物为主，从而满足儿童对自然探索的好奇心，便于儿童记忆和辨认。不应配置有刺激性、有异味、易致敏、有毒或有刺的植物，且每种植物需要有标识牌提示其名称等信息，能够帮助儿童了解植物，同时规避风险。

图2-15　湖南临澧道水河柳林公园儿童活动区域

图2-16　盐城花海云儿童乐园郁金香滑梯

6）文教科普区域

文教科普区域通常属于静态的观赏区域，但有时也可以设置互动体验功能的装置或小品，以便更好地实现科普功能。通常科普内容与公园的主题以及公园所在地的历史文脉有关，是贯穿整个公园的碎片式区域，以科普长廊、文化景墙等形式出现。如位于广州的万科客家文化客厅，则是以与当地传统文化结合的景墙，适应了文化普及的功能。该场地改造后，设计了两面景墙，一面与当地特色的剪纸文化相结合，用剪纸的人物图案构成了景墙（见图2-17）；另一面则展示当地的方言与白话文的对照，被称作方言墙（见图2-18）。游客游览的时候可以通过这面墙上的内容，了解和学习当地的一些方言文化，从而更深入地走进当地的生活。但也有的科普区域是在公园的某一个区域集中展示的，它们通常位于公园主要入口处或中心区域附近等人流量大、人群容易聚集的区域，以保证有一定数量的游客能看到该区域科普展示的内容。

7）服务设施区

服务设施区在公园内的布置，受公园用地面积、规模大小、游客数量与游客分布情况的影响较大。游客服务中心是旅游景区中为游客朋友提供景区信息咨询、旅游行程安排、景点详细介绍、故事讲解、休息等旅游设施和服务功能的景区场所。在较大的公园里，设有1～2个大型服务中心点，按服务半径的要求再设几个小型服务点，并将休息和装饰用的建筑小品、指路牌、园椅、废物箱和公共厕所（见图2-19）等分散布置在园内。

游客服务中心（见图2-20）是公园对外的窗口，其特有的形象会让游客产生深刻的印象，富有地域特色的游客中心可以向游客展现当地的文化与情怀，也可以把它视为当地人与游客共享的休闲娱乐空间，加上其在传统文化和自然风貌上传承着内在的文化张力，从而形成空间上和精神上的凝聚力。游客服务中心是为全园游客服务的，应按导游线的安排结合公园活动项目的分布，设在游客集中较多、停留时间较长、地点适中的位置。游客服务中心点的设施包括饮食、休息、电话、问询、摄影、寄存、租借和购买物品等。服务点是为园内局部地区的游客服务的，应按服务半径的要求和游客较多的位置设置服务点，可设置饮食小卖部、休息、电话等，并且还需根据各区活动项目的需要设置服务设施。在设计上要与整个园区的设计相统一。

图2-17 万科客家文化客厅剪纸景墙

图2-18 万科客家文化客厅方言景墙

图2-19 北京雕塑公园的公共厕所

图2-20 英国巨石阵游客服务中心

图 2-21 所示为悉尼的 North Bondi 公共服务区域，朝向海岸的建筑引导人们进入公共服务区域，此区域为游客提供了洗手间和更衣室等便利设施。圆形的天窗引入了大量的自然光，墙壁上的缝隙则使新鲜的空气贯穿室内。该建筑代替了1980年建造的旧设施，最大限度地迎合了大多数沙滩游客的需求。

8）园务管理区

园务管理区可设置办公、值班、广播室、水、电、煤、电信等管线工程建筑物、构筑物、修理工厂、工具间、员工宿舍、仓库、堆物杂院、车库、温室、花棚、苗圃和花圃等（见图 2-22）。按功能使用情况，园务管理区可分为：管理办公、仓库工场、花圃苗木和生活服务等。

根据用地的情况及管理使用的方便，以上这些内容可以集中布置在一处，也可分成数处。园务管理区要设置在既便于执行公园的管理工作，又便于与城市联系的地方，对园内、园外均要有专用的出入口，并注明"游客止步"等字样。区内要车道相通，以便于运输和消防。

园务管理区要隐蔽，不要暴露在风景游览的主要视线上。温室、花圃、花棚、苗圃是为园区内四季更换花坛、花饰，节日用花，小卖部出售鲜花、盆花及补充部分苗木之用。为了方便对公园种植的管理，面积较大的公园一般会在园务管理区外分设一些分散的工具房、工作室，以提高管理工作的效率。

图2-21 悉尼North Bondi公共服务区域

图2-22 集装箱园务管理区

2.1.2 城市公园景观分区

现代城市公园除了需要以使用功能为主进行分区以外，也需要对场地的景观资源、自然资源进行整合，对景观内容进行划分。按照不同的景观特色和观赏需求进行分区。景观分区不一定和功能分区的范围相一致，有时也会相互交错，同一功能区中有不同的景色变化，才能使游客产生不同的游览感受。

景观分区的划分依据为公园的资源特色和文化背景，以及整体的设计理念。划分方式也多种多样，如按照主要观赏植物的种类划分，可分为银杏观赏区、蕨类植物园、热带植物园、桃花观赏区、水生植物观赏区等；也可按照景观场地地形将其划分为疏林草地、密林区、大草坪区、水塘观赏区、谷地区、丘陵区等。也可按照综合景观游览特色，赋予每个景观区域各具文化含义的名字，也方便作为特色景点名称经常宣传。

如杭州西湖，就有各具特色的"西湖十景"，其中包含苏堤春晓景区、曲院风荷景区（见图2-23）、平湖秋月景区、断桥残雪景区（见图2-24）、柳浪闻莺景区等。

图2-23　曲院风荷景区　　　　　　　　　　图2-24　断桥残雪景区

而位于苏州的太湖公园（见图2-25）则由桃源人家、槿篱茅舍、半岛茗茶、客至画舫、烟波致爽、湿地生态栖息地、水八仙景区、观鸟亭等几大景观分区构成。每个区域都有各自的景观特点和观赏价值，融入了观景、休闲、生态等要素。如湿地渔业体验区、湿地展示区、湿地生态培育区等功能区域，全面展现了现代水上田园的自然生态景观，让游客体验到不一样的田园乡野。而水八仙景区、观鸟亭等景点又将人们带入了一个科普知识的教育长廊，让游客汲取生态科学知识，从而树立自然生态的环保理念。

图2-25　苏州太湖公园

2.1.3　场地使用人群分析

"以人为本"的设计思想来源于西方，早在古希腊时期，就有哲学家提出"能思维的人是万物的尺度"，文艺复兴时期更是兴起了"以人为中心""强调人的价值"等思想。而丹麦建筑设计师扬·盖尔（Jan Gehl）更是将这种思想应用于设计实践中，为丹麦的城市建设做出了重大的贡献。而在我们国家，现代公园的出现标志着风景园林从私有制变为公有制，从为传统封建阶级服务变为为全民服务。这个转变意味着公众变成了公园的主要使用者。设计师在进行公园景观规划设计时绝不能忽略公众的要求，否则就会出现一批造价高昂却不被公众所注意和喜爱的景观，这样的公园景观使用率也比较低。在规划 2008 年北京奥运会期间，奥林匹克公园规划及比赛场馆设计的负责方曾多次举办展览，和公众沟通交流听取他们的意见，并将其融入设计方案中，最终取得了很好的效果。在现代设计中，应该提高公众在公园设计中的参与性，让使用者参与到设计中来，一起去打造大家共同畅想的景观。所谓景观，一定要有一个进行"观"这一动作的对象，而这个对象就是人，就是我们的公众。因此设计师应该对场地的使用人群进行研究和分析，了解他们的生理、心理、行为特征和习惯，由此推测出他们对公园内容的需求。

1. 现代城市公园使用者年龄结构分析

人群分析

不同年龄段的使用者对于公园的需求也不同，可以据此将使用者大致划分为儿童、青少年、中年人、老年人四个年龄段，这是一种较为模糊的划分方式，但针对这四个年龄段的人群在设计中应该有不同的侧重，以满足他们的需求。根据不同年龄段的使用者提出的不同需求，在公园设计中应设计对应的功能区来满足这些需求。每个年龄段的人也都有自己倾向选择的户外活动，这些活动在景观设计中需要提供相应的配套设施（见表 2-1）。

表2-1 现代城市公园使用者游憩行为

年龄段	游憩需求	游憩活动	配套设施
儿童	交流、玩耍、认识世界、亲近自然、趣味性、安全性、健康	戏水、沙坑、滑梯、日光浴、自由嬉闹、攀爬、科普展览、社交	戏水池、旱喷泉、细沙地、综合游戏设施、攀爬架、大草坪、休闲桌椅、展览展示区域
青少年	运动、娱乐、科普、社交、释放压力	篮球、滑板、旱冰、野炊、露营、社交、骑行、跑步、餐饮	运动场、林荫广场、大草坪、休闲桌椅、跑道、自行车道、小剧场、小吃街、冷饮吧、攀岩墙
中年人	亲子家庭活动、运动、释放压力	羽毛球、网球、散步、园艺、喝茶、喝咖啡、社交、广场舞、健身器械	运动场、健身器械区域、休闲凉亭、集散广场、散步步道、大草坪、咖啡吧、茶室、麻将室
老年人	社交、排遣寂寞、健身、观景	太极拳、扇舞、交流交友、门球、棋牌、园艺观赏、晒太阳、垂钓、散步、广场舞	林荫广场、休闲凉亭、树木草坪、健身器械区、亲水平台、卵石步道、休闲桌椅、观景平台

人们在公园里游憩的过程中会进行不同类型的活动，因此这些活动在公园的规划设计阶段也需要对应不同的设计要求。针对儿童、青少年、中年人和老年人，在公园设计形式中也

有不同的注意事项。

1）儿童使用区域的设计要点

（1）颜色尽量鲜艳，使用饱和度高的色彩搭配作为主要色调，吸引儿童的注意力，同时辅助搭配一些低饱和度色调来缓解视觉疲劳。同时，利用儿童喜爱的卡通人物等元素在入口处和区域内调动儿童的游玩兴趣。

（2）强调场地内的安全性，完善安全防护措施，杜绝安全隐患，并给家长提供可监护、陪同、等候的休息区（见图2-26）。

图2-26　蒙特利尔运河旁的公园儿童娱乐区旁的休息区

（3）在公共设施的尺度上考虑儿童的身高和生长的特征，设计儿童可以舒适使用的公共设施。

（4）应考虑亲子活动的需求和儿童的社交需求，让家长也能参与进来。

（5）在设计公园内儿童区域或城市儿童公园时，应考虑在给儿童提供玩耍场所的同时也能向儿童传递一些小知识，帮助儿童认识世界，实现寓教于乐（见图2-27）。

图2-27　深圳百花二路儿童友好街区可参与式雨水花园

2）青少年使用区域的设计要点

（1）设置必要的运动场所，给青少年提供放松、解压、社交的场所，同时保障运动区域的安全性，该进行封闭的运动场需进行隔离。

（2）设计恰当的交谈区域，并保证一定的私密性，从而给青少年提供自由交流的空间。

（3）在园路铺装上考虑设置跑道，规划跑步路线。

（4）注意园内绿化覆盖率，绿色环境更能让人放松，也能缓解眼部疲劳。

（5）可适当增加场地的地形变化，以提高青少年的游玩兴趣。

3）中年人使用区域的设计要点

（1）相对来说，中年人比较注重绿化率，植物的搭配、植物的层次都可能是他们观赏的重点。因此，可使用不同的芳香型植物，让中年人在散步游览的同时也能丰富嗅觉上的体验。

（2）需要为中年人规划与观景相结合的休息区域，方便他们进行休闲活动。

（3）为亲子活动提供场所。

（4）规划跑步道，用于散步健身。

（5）通常以家庭为单位进行户外活动，因此公园休息区的座椅应以能坐3～4人（见图2-28）为主。

图2-28　加拿大Ketcheson邻里公园休息区的座椅

4）老年人使用区域的设计要点

（1）供老年人使用的功能区需要有很好的可达性，且易被看见。

（2）安全性需求较高，需要从各方面保障老年人的安全。

（3）园路铺装上需选择防滑的材质。

（4）应有无障碍设施的设计，让行动不便的老年人也能参与游览。

（5）要求噪声有所控制，通常在安静的区域设置。

（6）需要满足群体休息的社交需求。

（7）给老年人提供适当的运动类场所。

在现代城市公园设计中，设计师应协调不同年龄阶段的人群的需求，处理各个功能区之间的位置关系、距离关系和连接关系，才能将园内资源合理地分配到各个功能区，让各个年龄层次的人群都能在公园内找到满足自己需求的去处，才能让公园的游览人群、年龄结构多样化。设计师应该关注、重视公园使用者、游览者的感受和需要，通过设计给他们带来更好的人居环境。

2. 现代城市公园使用者心理分析

现代城市公园不仅满足了游览者审美和特质的需求，而且满足了浏览者精神上的需求。尤其是城市居民在生活中压力日益剧增，不同年龄段的人们都面临着不同的工作压力、学习压力、生活压力、社会压力等。城市居民患抑郁症等心理疾病的患者数量也在不断上涨。因此，人们更需要通过户外活动来缓解各方面的精神压力，刺激人体分泌胺多酚等激素，使人们获得愉悦的感觉。现代人们对公园的心理需求主要体现在三个层面：安全感、舒适性和社交性。

1）安全感

现代城市公园给人心理上的安全感主要来源于以下五个方面。

（1）消除极端天气带来的不安全感，能够提供避险的去处。

（2）消除交通事故带来的不安全性，在公园内部有序规划人行线路和车行线路，可选择人车分流的方式来避免交通事故的发生，让人们走在园区中不必担心突然有车辆驶过引起剐蹭等情况。

（3）规划好消防通道（见图 2-29），并定期进行维护，确定建筑的消防扑救面和消防登高场地，保证在发生火灾时得到及时的救援。

（4）在园区内安装完善的安保系统，保证夜晚有良好的照明环境，保持夜间的可视性良好，最大限度地避免偷盗犯罪事件的发生。

（5）无障碍设施（见图 2-30）能够帮助行动不便的游客在园区中安全舒适地游览。

图2-29　消防通道　　　　　图2-30　道外江畔残疾人通道（无障碍设施）

通过以上五个方面，能最大限度地带给游客心理上的安全感，一个有安全保障的公园才能吸引游客经常进行游览参观等活动。

2）舒适性

游客在进行游览活动时，园区内应尽量提供较为完整丰富的基础活动选择，如提供停留空间、休息空间、行走空间、交谈空间等，并且能够处理好这些空间之间的相互关系，保持行走空间优先原则，让游憩环境富有变化。按照人体工程学原理设计相关的公共设施，让游客坐得舒服、行得舒服、看得舒服。人对于自然环境有一定的渴望心理，适当保留环境的自然特征，如植物不用过度修剪，对应的景致留出观赏距离和空间，给人接触大自然的契机。利用水体和植物调节园区内的小气候，让游客在游览的同时，能够体会到更宜人的温度和湿度。如炎热的夏天给游客提供遮阴纳凉的休息区，寒冷缺少光照的冬季则提供能享受充足阳光的开敞区域。采用芳香型植物营造更惬意的环境氛围，吸引鸟类等生物，打造鸟语花香的情景，也能让游客在散步和游览的时候更加享受游园之乐。

3）社交性

人具有群体性，渴望聚集和交流，当人们在公园进行户外活动时通常是两人同行、多人同行或者是把公园作为聚集目的地。针对不同类型的社交活动和社交行为，在公园的规划上应提供不同类型的场所。如能面对面交谈的休息区、可供多人聚会的座椅区域、双人并排的座椅等，这些设施能满足游客不同类型的社交需求。通常多人聚集区域是开敞的空间，而2～3人的社交场所则需要有一定的私密性（见图2-31），空间界线明确，要保持安静，有一定的隔音措施。此外，在交通的规划上，需要流畅地串联各个社交区域，有明确的导视系统，让游客能够便捷地直达目的地。

图2-31　珠海园的私密社交区域

作业与思考：

1.将城市公园功能分区的知识点整理成思维导图进行复习。
2.查询城市综合公园和专类公园的案例，比较功能分区的差异。

2.2　城市公园的空间形态及层次设计

　　城市公园空间形态由视觉空间要素和景观空间要素构成，这些元素对空间进行限定，影响空间的布局，通过不同的组织方式可以构成不同的空间形态。不同的空间形态会影响公园的功能。而空间中的各种尺度关系、空间序列等因素，经过一定的设计则能打造出具有层次感的空间。其中人在其中的活动和行为以及心理特征，也为空间的层次设计提供了参考。

2.2.1　城市公园的空间构成

空间构成

1. 视觉空间构成要素

城市公园的空间主要由点、线、面、体这四种视觉要素构成。

1）点

点通常作为景观空间的中心。它不同于数学上点的概念，设计中的点都是有质量、有大小、有形状的。点可以是平面上的，也可以是立体的点。通常在空间中，实点能起到聚集视线的作用，人的视线只能在点元素上形成停留；而虚点则可以控制人们的视线。在景观设计中虚点通常表现为视觉中心点、透视灭点（见图2-32）等，它不是可以触摸的点元素，但在空间中却能发挥和实点相似的作用。

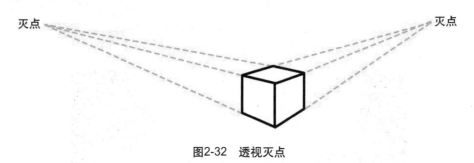

图2-32　透视灭点

在实际的设计中，点元素通常表现为中心雕塑、小型构筑物、中心花坛、孤植、纪念碑、塔、孤立的山石等形式，在公园景观中作为"点景"。点在空间中的概念相对，通常需要一个大的面作为背景才能衬托出点的作用。这些要素在景观中可作为广场中心要素吸引游客视线，也可作为道路分岔或转角处提醒游客的标示。

2）线

在设计中，线是有一定宽度的。线在空间中最主要的作用就是引导视线。因为线是由无数个点构成，或由单一的点连续移动构成，所以人们在观看一条线时，视线是随着构成线的点元素不停移动的，这就形成了线的引导作用。线主要分为直线和曲线，而曲线又分为几何曲线和自由曲线，不同形式的线在空间中给人的视觉感受也是不同的。由直线主要构成的空间更严谨、庄重和简约，而由曲线为主构成的空间则更有律动性和动力。

线在公园中主要表现为道路、空间的边界线、建筑的边界线、长排座椅（见图2-33）等，以及没有直接体现出来的景观轴线、空间轴线和场地的等高线，通常具有分割空间、引导游览、界定空间的作用。

3）面

面是由线围合或移动形成的。在现代城市公园中，面是运用最广泛的。与线相似，面可以分为平面和曲面两个类型。平面在空间中看起来更为稳固、坚定，而曲面更灵活多变，具有较强的流动性。面也分为实面和虚面。实面是指完全封闭的面；虚面是指心理感受上形成的面，如树木、栏杆等形成的面。在城市公园的设计中，组合使用实面和虚面就可以构成虚空间和实空间等不同的空间围合形式，产生丰富的空间变化。面表现为围墙、景墙、挡土墙、建筑外立面、铺装、群植的植物、水景等形式。在公园设计中通过不同面的形状、材质、比例、色彩等对比，体现丰富的空间变化关系（见图2-34）。

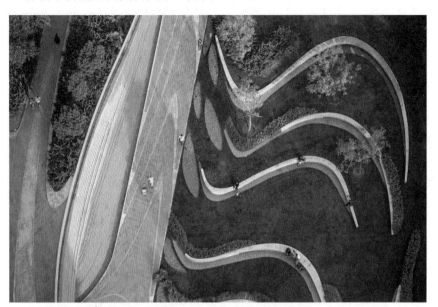

图2-33 望京SOHO景观设计中的曲线形座椅

图2-34 土耳其伊斯坦布尔市某公园面的运用

4）体

体是由面移动形成的，且占有一定的空间。不同形态的体在大空间中也会带给人不一样的视觉感受。如垂直的体会给人庄严肃穆的感觉，因此，很多教堂或宗教职能的建筑都是垂直形态。而水平的体则会让人感觉平和稳定。实体通常表现为建筑物，而虚体则可能是景观构筑物、景观小品，如亭、廊、水榭等形式。

以上四种构成元素，以不同的表现形式体现在现代公园中，经过设计师有序地组织形成了完整的城市公园。1982 年，法国著名的建筑评论家、设计师伯纳德·屈米（Bernard Tschumi）就曾经以点、线、面三种元素进行结构重组，设计了举世闻名的巴黎拉维莱特公园（见图 2-35、图 2-36）。屈米在设计中结合了点、线、面的网格体系，而这些理论概念则通过红色构筑物（点）、不规则的线性道路（线）、绿色景观区域（面）表达。他弱化了公园本身的场所性和功能性，赋予游客更多的自由，希望游客进入这个场地可以根据不同的空间形态自发地进行户外活动，而不是给每个场地限定某一功能。由此他设计了一个混合型的无边界、无中心的开放式公园。

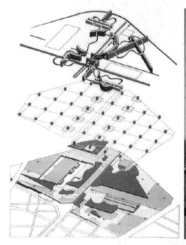
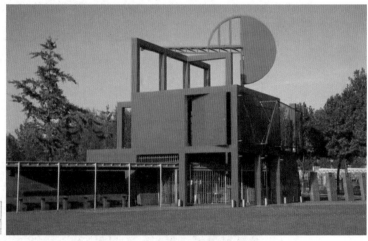

图2-35　巴黎拉维莱特公园的
　　　　点、线、面构成

图2-36　巴黎拉维莱特公园实景

2. 景观空间构成要素

景观空间是指人所在的空间，是为人所观赏的景物而言的空间，是由底面、围合的墙面、顶面三个主要元素构成。

1）底面

底面在景观空间中可以是水平面、铺装地面、草坪、丘陵等不同材质和地形。底面可以是起伏不平的，这样能给观赏者带来丰富的视觉层次感，可以增加纵向空间变化；底面也可以是平坦开阔的；可以是集中凹陷形成的下沉式空间（见图 2-37）；也可以是集中凸起的。集中凹陷和凸起的底面能够增强底面的边界感。

2）围合的墙面

景观空间中的建筑是最常见的围合空间的介质，建筑可以独立围合空间（见图 2-38），在建筑内部形成封闭的容积空间；也可以以建筑为中心，向外辐射形成辐射空间；还可以和其他物质一起形成半开敞空间。

图2-37　北京大兴公园下沉景观

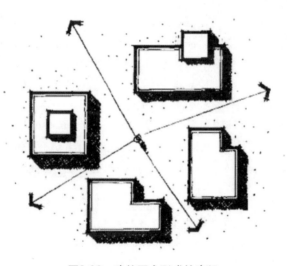

图2-38　建筑围合形成的空间

地面的起伏高差也可以被视为墙面，起到围合空间的作用。其次还有高低不同的植物、水景水墙、栅栏、挡土墙等，都能在空间上发挥竖向围合的作用。

3）顶面

常见的户外空间的顶面就是天空。其实就是植物构成的顶面，一些高大的乔木的树冠可以构成景观空间的顶面，起到遮阴挡雨的效果，其叶片密度越大则效果越好。

一些建筑也会延展出一个可以遮风挡雨的顶面，其次雨棚、廊架（见图2-39）、凉亭等都能充当顶面。

图2-39　河北骆驼湾村廊架

2.2.2　空间与尺度的关系

不同年龄段的游览者，身高、体重、臂长、腿长、步幅、步频等数据都是截然不同的，在设计的时候应根据不同的身体尺度需要，针对不同人群设计出具有舒适感的景观场地和公共设施。为了实现这些要求，设计师需要用到一部分人体工程学的知识。人体工程学是一门研究人、机、环境三者之间关系的学科。国际人类工效学学会表示，人体工程学是研究人在某种工作环境中的解剖学、生理学和心理学等方面的各种因素，研究人和机器及环境的相互作用，以及工作中、生活中和休假时怎样去考虑工作效率、健康、安全和舒适度的问题。

人体工程学应用于景观设计中时最常涉及的就是设计师根据人体工程学原理，改善人与环境的关系，设计一个让人愿意进入停留使用、产生行为活动、并感到舒适的景观场地。

1. 视线距离与视线高度

首先，我们作为人能够对周围环境进行感知，虽然每个人因个体差异对环境的感知能力有强弱之分，但我们感知环境的主要来源却是一致的。人类之所以能够在环境中获取信息，是因为我们的感官系统（见图 2-40）：听觉、视觉、嗅觉、触觉、味觉。而其中视觉的作用最为重要，进入一个新场地，我们获取的 80% 的信息都是来自眼睛，其次才是听觉。同时接受信息最快的也是视觉系统。通过视觉人能感受到物体的造型、色彩、体量、远近，视觉对于人的个人空间的界定、周围环境的感知起到了相当重要的作用。

1）视点与视距

在公园设计中，观赏点，也就是游客所在的位置，我们称为视点，而视线的距离我们称为视距。而游客离景物的距离则是设计中需要考虑的观赏距离。通常不同大小、不同精细程度的景观，所需要的观赏距离也是不同的。同时，因为人的视距有限，不同远近的景物在游客眼里清晰度也是不一样的，有的离景观过近反而看不完整，所以要选择合适的距离进行观赏才能让所设计的景观充分发挥其观赏作用。

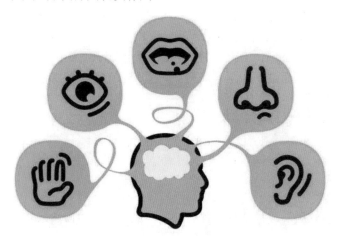

图2-40 人的感官系统

通常人的视觉在 200 m 内可看清建筑的大体轮廓；200～600 m，能看清单体建筑物的轮廓；600～1200 m，能看清建筑物群；视距大于 1200 m，则只能大概识别建筑群的外形。人们在 30 m 以内可以看到人的面部特征；20～25 m 可以看清人的表情；100 m 仅能分辨出具体的个人形象；70～100 m 能确认一个人的性别、大概的年龄以及行为动作；大于 400 m 只能看见大概轮廓而看不清楚景物。通常而言，对于大型景物，合适的观看距离为景物高度的 3.5 倍，而小型景物的合适观看距离为景物高度的 3 倍。这样才能满足景物能够被游客完整地观赏。尤其是一些需要营造宏伟气氛的雕塑或小品，四周一定要留足够的观赏距离才能体现其磅礴的气势。

2）视高与观景

在景观设计中，设计师进行空间构成时，人的视线被遮挡的情况不同，能够构成不同的空间。当围合空间的物质高于人的视线高度（1.6 m）时，人的视线被完全遮挡，空间的封闭性也比较高，同时能够限制人的行为。当围合或遮挡物稍低于人的视高时，则能够限制人的移动，却不能限制人的观赏。当遮挡物低于人的胯高时，则可能无法限制人的移动，也无法限制视线穿过，但依然能够在视觉上起到划分空间的作用（见图 2-41）。

图2-41 视高与空间围合方式的关系

在公园中与视线高度有关，用于划分空间的常见要素有栏杆、绿篱绿植、景墙、围墙和挡土墙等。

在园林绿地中，常以绿篱作为防范的边界，人们不能任意通行；或用其组织游客的游览路线。起导游作用。有时还用来做花坛、花境、草坪的镶边。 绿墙：一般在视线高度（1.6 m）以上，可以阻挡人的视线，株距为 1～1.5 m，行距为 1.5～2 m；高绿篱高度为1.2～1.6 m，人的视线可以通过，但其高度，一般人不能跳跃而过。中绿篱高度为 0.5～1.2 m，人们要比较费力才能跨越而过，株距一般为 0.3～0.5 m，行距为 0.4～0.6 m。 矮绿篱高度为 0.5 m 以下，人们可以毫不费力地跨过。

在园林建筑小品中，栏杆能丰富园林景致，起到分隔园林空间、组织疏导人流及划分活动范围的作用。一般来说，高栏杆为 1.5 m 以上，中栏杆为 0.8～1.2 m，低栏杆（示意性护栏）为 0.4 m 以下。

2. 人体尺寸与景观

人体尺寸是园林景观设计最基本的依据。人体尺寸可分为构造尺寸和功能尺寸。构造尺寸是指静态的人体尺寸，对与人体有直接关联的物体有较大关系。如道路宽度、公园椅凳、栏杆等。在景观设计中，静态尺寸主要为公共设施的设计提供数据。而功能尺寸是指动态的人体尺寸，是人在进行某种功能活动时肢体所能达到的空间范围。人体的动态尺寸比静态尺寸的用途更为广泛，它强调的是人体各部分都是相互协调进行工作的。根据人体的静态尺寸，公园中的一些景观节点和公共设施都有对应的尺寸要求。在公园设计中，常用的静态尺寸有如下几种。

（1）出入口是游客进入园林绿地的必经之处。出入口广场一般宽 12～50 m，深 6～30 m，单个出入口最小宽度为 1.5 m。 居住区绿地规划设计入口应设在居民的主要来源方向，数量为 2～4 个，同时应与周围道路、建筑结合起来考虑具体的位置。

（2）公园规划设计中主干道一般宽 8～10 m，可通行较大型车辆；次级路（各游览区内的道路）宽度多在 4～6 m；小路为游览区各游乐点、景点之间的联系路，宽度为 1.5～3 m，形式自由，铺装多样，是空间界面的活跃因素。车辆通行的道两旁的枝条高度不得低于 4.0 m。路面范围内，乔灌木枝下净空不低于 2.2 m，乔木种植点距路线应大于 0.5 m。 居住区绿地规划设计中的园路能通往各景点，也是居民散步游憩的地方。园路的宽度与绿地的规模和所处的地位、功能有关，绿地面积在 50000 m³ 以下者，主路宽 2～3 m，可兼作成人活动场所的次路宽 2 m 左右；绿地面积 5000 m³ 以下者，主路宽 2～3 m，次路宽 1.2 m，小径最小宽度为 0.9 m。

（3）公园椅凳的高度宜在 0.3 m 左右，不宜太高，否则无安全感。公园椅凳数量按游客容量的 20%～30% 设置。 园椅双人长为 1.3～1.5 m，四人长为 2.0～2.5 m，宽度均为0.6～0.8 m。园凳双人长为 1.3～1.5 m，四人长为 2.0～2.5 m，宽度均为 0.3～0.6 m。圆桌凳的直径一般约为 0.4 m～0.7 m。

（4）园灯的设置应与环境相协调，考虑灯柱的高度、园灯的照度等因素。在公园入口、开阔的广场，应选择发光效果好的直射光源。灯杆的高度，应根据广场的大小而定，一般为 5～10 m，灯的间距为 35～40 m。 在园路两旁的灯光，要求照度均匀，灯不宜悬挂过高，一般为 4～6 m。灯杆间距为 30～60 m。在道路交叉口或空间的转折处应设指示园灯，在某些环境如踏步、草坪、小溪边可设置地灯。

（5）台阶是为解决园林地形高差而设置的，它除了具有使用功能外，由于其富有节奏的外形轮廓，具有一定的美化装饰作用。设计时应结合具体的地形地貌，尺度要适宜。一般台阶的踏面宽为30～38 cm，高度为10～17 cm，踏步数不少于两级，侧方高差大于1.0 m的台阶应设防护设施。平台的宽度一般为158 cm。

（6）汀步的基础要坚实、平稳，面石要坚硬、耐磨。汀步的间距应考虑游客的安全，石墩间距不宜太远，石块不宜过小。一般石块间距为8～15 cm，石块大小在40 cm×40 cm以上。汀步石面高出水面6～10 cm为佳。

在公园设计中常用的动态尺寸是人们的步行距离。通常402 m为人们可接受的步行距离，大于这个距离人们就觉得疲惫和不耐烦。目前，常用的可接受步行距离参考数据为500 m，而交通工具之间换乘的距离则不宜大于300 m。

3. 社交距离

人对空间的需求主要有以下三种：公共性、领域性和私密性。人们在进行人际交往的初期，往往伴随着自我的领域感。在一个充满陌生人的环境里，人们会形成一个"个人气泡"，这个气泡范围内就是我们的个人领域，这样个人领域的建立能让人们具有安全感。而其他陌生人也不会随意走进他们的"个人气泡"里。而作为一个人，通常也具有较强的社会性，具有社交需求，这是人的公共性的体现。与之相对，人也具有私密性，每个人都有不同的个性、自我意识和想法，他们在保留公共性的同时也需要保留自己的私人空间。

美国空间关系学之父、人类学家爱德华·霍尔（Edward Hall）提出的空间关系理论将人的社交关系分为四个类型：亲密距离、个人距离、社会距离和公共距离（见表2-2）。不同的人际关系都有各自舒适的距离，通常关系越亲密，舒适距离也越近。

表2-2　人际关系与空间距离

距离类型	距离/cm	关系	亲密程度
亲密距离	15～50	夫妻/爱人	亲昵
个人距离	45～75	好友	亲密
	75～120	家人/好友	
社会距离	120～210	朋友/熟人	友善
	210～370	同事/宗族	
公共距离	370～760	普通人	一般
	>760	演讲者与听众	

1）亲密距离

亲密距离分为近距离和远距离两种，近距离是指肌肤能够接触到的距离；而远距离则是指两个人身体保持15～50 cm。这种亲密的距离多出现在情侣、亲密的朋友之间，或者是孩子和父母拥抱等。如果某些情况使一些不太熟悉和亲密的人不得已要保持在这种距离中，而没有任何能保护他们的非言语的屏障，那么，他们会觉得很尴尬，同时感到自己受到了威胁。在拥挤的汽车或电梯中，我们是如何避免眼神接触和交流或者是选择转身离开的，当不可避免碰到彼此时，又如何变得紧张不安。即便相互之间有眼神的交流，这种交流也是短暂的，并且通常会很有礼貌、毫无冒犯之意地笑一笑。

2）个人距离

个人距离中的近距离为 45 ～ 75 cm，这是在聚会中交谈的最佳距离，正好能相互握手、亲切交谈，你会很容易接触到同伴。而远距离则是 75 ～ 120 cm，这个距离能让你私下讨论一些问题而避免接触到彼此。

3）社会距离

社会距离中的近距离为 1.2 ～ 2.1 m，这通常是你跟客户或者服务人员进行交流时保持的距离。这种距离经常用以显示某人的主导地位。一位站着的主管会与坐着的员工保持这种距离，来显示他更高的地位。

社会距离中的远距离为 2.1 ～ 3.7 m，这种距离会被频繁地用于正式的商务谈判或社交场合中。公司的老板常常会坐在桌子后面与员工保持这种距离，甚至从他所坐的能够注视到每位员工的位置来看，都可以体现出他更高的地位和身份。在一个开放式的办公室，以这种距离来进行位置的布局非常有用，它可以让员工不会因为无法同旁边的同事交流感到自己被忽视、被冷落，从而能够更好地工作。

在社交距离范围内，如果没有直接的身体接触，说话时，也要适当提高音量，需要有更充分的目光接触。如果谈话者得不到对方目光的支持，他会有强烈的被忽视、被拒绝的感受。这时，相互间的目光接触已是交谈中不可缺少的感情交流形式了。

4）公共距离

公共距离的近距离为 3.7 ～ 7.6 m，这种距离通常会用于不太正式的集会中。比如，在教室中老师和学生之间的距离，或者老板跟一群员工讲话时的距离。公共距离的远距离为 7.6 m 以上，通常是政治家、知名人士等与其他人保持的距离。

对于这几个区域范围大小的界定，即使相同文化背景的人也会有一些个体的差异。当不同的人进入不相对应的区域时，就会让人觉得不舒服。

2.2.3　城市公园的空间序列

1. 空间序列的含义

人在景观空间内活动时不仅是坐在那里静止地观看静态景观，还要来回走动观看连续的景观。因此，在进行景观空间设计时不仅要考虑静态景观设计，还要考虑空间的序列、连续性，这样的空间设计也具有时间性。空间序列就是在三维的空间中加入了时间的概念，从三维变成四维。

设计师应把自己想象成游览者，根据规划好的游览线路进入公园内，依据时间顺序，从一个空间到另一个空间，人在行走过程中周围所感知到的景物也在不停变换（见图 2-42）。有的空间景物变换丰富，可进行的活动耗时较长，人们自发地停留时间较长。而有的空间则流动性强，停留时间短或不停留，但人们在通过这种流动空间时，如果行走时间较长，周围的景物又缺乏变换，就会感到视觉疲劳和无趣。在这些空间转换连接过渡的过程中，相邻空间之间彼此引导、暗示、呼应、对比，形成了空间序列的节奏感。一个公园的设计需要在空间序列上体现出起承转合，像谱写一首乐曲一样，有序曲，有过渡，有高潮，也有尾声。

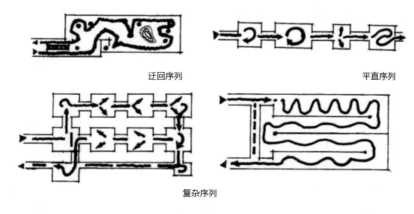

迁回序列   平直序列

复杂序列

图2-42 多种类型的空间序列示意

2. 空间序列的过程

空间序列的过程包括起始阶段、引导阶段、高潮阶段和尾声阶段（见图2-43），具体内容如下。

（1）起始阶段通常是公园的入口处，通常会有吸引人注意力的入口大门或入口广场，旨在吸引游客进入公园。起始阶段主要向游客传递的是公园整体概况的信息，让游客知道这个公园的风格、主题等。

（2）引导阶段则带领游客进入园区内进行观光，穿插着一些小的景观节点，让游客进一步产生兴趣，并对园区内的主要景观节点产生期待。

（3）高潮阶段是整个公园最精彩的部分，需要让游客通过对这个主要景观节点的游览，使游客产生好感，并留下深刻的印象。这个阶段将成为游客最主要的记忆点。

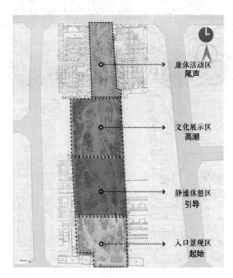

图2-43 侵华日军南京大屠杀遇难同胞纪念馆的景观空间序列

（4）尾声阶段则是高潮阶段后的游览过渡，让意犹未尽的游客在离开公园前有个缓冲和过渡，是高潮阶段的延续。

2.2.4　城市公园空间的层次设计手法

在空间序列的设计中，切忌过于单调。可以通过以下几种设计手法来实现空间的层次感。

1. 空间的渗透

我们如果要打造一个既定空间的层次感，首先要将这个空间进行分割，将空间大致分为前景、中景和远景，并在每一重景上进行不同的布局。同一个空间直接观看和隔着一重景致去看，其距离感也是不一样的，倘若透过许多层次去看，尽管实际的距离没有改变，但给人感觉距离却会远得多。多层次的空间可以营造一种深远的景观空间氛围。如杭州西湖的雷峰夕照景区，平静的湖面单看难免会给人比较乏味的感觉，而在湖面上加入了长桥公园的"爱情桥"（见图2-44），在桥体前加入了垂柳。以垂柳为前景，桥体为中景，雷峰塔和远山为远景，再借助夕阳为背景给整个空间赋予温暖的色调，从而打造出四个景观层次的空间，让空间层次变得更为丰富，每个重景之间相互渗透，能让空间景深感更强。

图2-44　杭州西湖长桥公园

2. 空间的起伏

空间的起伏和落差可以丰富整个空间的景观层次感。抬高或者下沉，也会让整个空间更富有趣味性。常见的增加空间起伏感的景观设施有：下沉广场、立体雕塑、廊架、地台、阶梯、下沉水景、观景平台等。

在打造空间立体层次感时需要注意，景观内容的布局要注意疏密适宜，张弛有度，不要在空间中胡乱堆砌元素。不要盲目地设置空间的起伏，对场地进行下沉和上升，也要进一步根据空间的设计逻辑性和条理性，进行地形起伏的设计。当遇到需要强调的景观节点如集散广场、观景平台时，可以进行适当的设置。抬升或下沉对空间进行强调，以此来达到丰富立面层次感的目的。

3. 空间的变化

1）抑扬顿挫

抑扬顿挫本是指声音大小的起伏和转折，在园林景观中则是指空间的大小与收放。如果一个公园全是开敞的空间，缺少起伏和收放，则会缺少空间变化显得有些乏味。而如果一个空间一直处于狭窄的状态，人在里面待久了也会觉得心理压力增大。所以，在进行公园的空间设计时，空间需要有收有放。狭长的空间会给人期待感，能够为主要的景观节点起到氛围铺垫的作用。所以通常一个开敞的主要景观节点前可以考虑用狭长的林荫道、廊道等进行铺垫。

2）曲直相交

曲线构成的空间与直线构成的空间会给游客截然不同的心理感受。在图形情感相关的理论中，直线通常给人肯定、直接、确定的感觉。直线通常表示稳定、坚固和刚毅。尤其是90°的直线，在景观空间中通常有拉大整个场地透视感的作用。而倾斜或30°、45°和60°的直线则会看上去更为灵活。通常这种按照固定角度倾斜的直线我们称为斜线。斜线与水平或垂直的直线相比，它有明显的不稳定性和速度感。而与直线相对的曲线则通常代表着柔和、韵律、灵动、运动等。通常一个由曲线为主要元素构成的景观空间与由直线构成的空间相比，其更活泼、更富有动感，从视觉感受上来说没有那么严肃，尤其是在一些公园中的儿童活动区域，常常以曲线作为主要元素进行景观设计。因为以曲线为主的场地，会让儿童感觉更柔和、更有安全感。因此，在空间设计中，为了让空间富有变化，通常会选择让曲线和直线互相对比和互相结合，这样才能创造一种独特的空间韵律感。

3）虚实结合

在景观设计中，通常称通透开敞的空间为虚空间，而封闭围合的空间为实空间。虚空间的形式往往有很多种。有的虚空间，人可以穿透通行；有的虚空间只有视线和光线可以穿透（见图2-45）；而有的虚空间看似完全围合封闭，实则某一侧可能由玻璃构成，在光线和视觉上，它依然是通透的，这种空间称为半围合虚空间。在空间变化的构成中，应考虑空间的实与虚相结合穿插，以此来丰富游客的游览体验和空间感受。对于户外的公园景观而言，应以虚空间为主，穿插布局实空间，以此来实现增加空间变化的目的。

4）光影对比

光与影总是相伴而生的，有光的地方就自然会产生影子。而光影在景观设计中是一种常见的自然材料，它能够丰富空间的氛围感。通过对场地进行光照分析，我们可以了解场地原生的光照情况。在通过设计手段对光影条件进行调节，丰富光影变化的同时，可以给游客带来更为丰富的空间感受。在道路两旁种植高大乔木，乔木的树冠在道路上空形成夹景，由此起到遮蔽阳光的作用，这样形成的林荫道，光影效果是斑驳的。在夏季，以阴影为主的林荫道，游客走过时会觉得比较凉爽。而当游客走出林荫道，进入一个开敞的区域，如阳光大草坪时，迅速变换的光影效果会让游客立刻感觉到空间的更替。除了利用植物来改变光影变化以外，也可以利用一些人工材料，如不锈钢（见图2-45）、玻璃、水幕等，来反射、折射阳光或让阳光穿透，从而实现特殊的光影效果。

如图2-46所示，弗莱堡大学植物园的livMatS展亭，其内部用天然可再生、可生物降解的亚麻纤维仿仙人掌空心木质结构进行编织，外部覆盖着一层防水的聚碳酸酯表皮，形成了奇特的光影纹理（见图 2-47）。

图2-45　越南茂溪矿山公园桂冠环（不锈钢）

图2-46　弗莱堡大学植物园的livMatS展亭

图2-47　livMatS展亭的光影效果

2.2.5　城市公园空间的形式

现代城市公园的空间形式通常有两种：一种是规则式的，另一种是自由式的。规则式城市公园形式通常是以几何形式为主的构图。几何形式又分为以直线为主的几何形式和以曲线为主的几何形式。而自由式的空间形式则是由自由曲线构成。

1. 规则式

规则式的公园通常有明显的主轴线，两侧的景观和植被呈对称或大致对称分布。整体空间以几何构图为主，可以是一种几何形体为主，也可以是多种几何形体的组合。一般在地形平坦开阔的场地中，宜选用规则式的空间布局。

如墨西哥的 Tultitlan 公园（见图 2-48），就是一处典型的规则式现代公园。该公园位于图尔提特兰市 Hogares Castera 住宅区，场地地形平坦开阔，由一条明显的长轴线构成，轴线上顺沿分布着各种各样的混凝土元素，元素采用了统一的色调，构成休闲空间。

图2-48　墨西哥Tultitlan公园鸟瞰图

场地内部的各个功能区域外轮廓呈明显的几何形状，有三角形、圆形、矩形等。其中配套的各种公共设施也是几何形体，和整个公园的设计形式相协调统一。公园入口处散布着许多混凝土立方体（见图2-49），园区内分割空间的景墙（见图2-50）也设计成可进行攀爬游戏的三角墙，增加了公园的趣味性。

图2-49　墨西哥Tultitlan公园混凝土立方体

图2-50　墨西哥Tultitlan公园景墙

1）以直线为主的规则式空间

（1）水平线与垂直线构成空间。

水平线具有稳定性，而垂直线则具有一定的延展性。两者搭配在一起，通常能让整个空间在视觉上具有稳固性和安全感。水平线与垂直线通常能构成矩形的空间形式。矩形的空间是组织性最强的空间，且它本身具有对称的特征，所以在景观布局中矩形空间不仅具有明显的中轴线，而且它的形状方正严谨、简洁大气，常被用于一些庄重的场所。

如意大利的埃斯特庄园（见图2-51）、北京故宫（见图2-52）都是典型的规则式园林，有明显的对称轴，以垂直线和水平线构成空间，给人庄严大气的感觉。

图2-51　意大利埃斯特庄园

图2-52　北京故宫

（2）固定角斜线构成空间。

与垂直线和水平线相比，斜线是更具动感和速度感的直线。同时斜线具有不稳定性，通常在设计中应尽量限制大面积使用斜线。那么在空间的构成中，也可以使用斜线，它能让整个空间更具趣味性和动态感。在进行景观规划时，斜线的使用通常应该固定角度且统一角度，这样可以避免在整个场地中斜线互相穿插，角度不一致造成的混乱感。统一角度的斜线能让整个场地的秩序感更好。而常用的斜线角度为45°（见图2-53）、90°、60°和30°。

直线45°

直线45°的设计方案在方形栅格上使用垂直线条、水平线条和45°线条。

主要特征

动态 活跃 兴奋 大胆
强烈 锯齿状 坚固 活力
变化 紧张 快速 联结

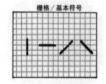

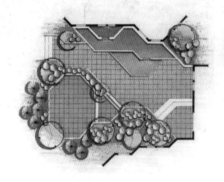

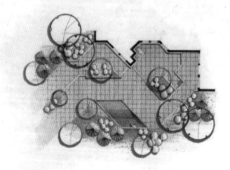

图2-53　45°斜线构成的景观空间

如合肥政务文化主题公园（见图2-54），该公园的设计在轴线布局上抽取了四条主轴线作为原路，在四条主轴线的基础上，将其旋转45°，再与原轴线叠加，形成了各种大小不一、形态各异的空间。这个做法既丰富了流线间各区域的相互联系，又不破坏整体的轴线系统，达到以简单的形式构成丰富的空间变化的目的。

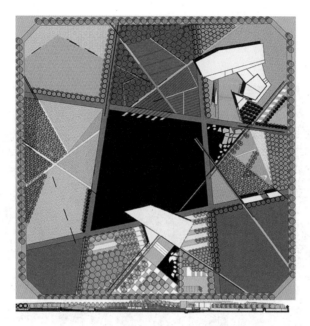

图2-54　合肥政务文化主题公园平面图

2）以曲线为主的规则式空间

圆形是一个本身具有完整性的图形，它拥有一个唯一的圆心，整个图形具有一定的向心性。圆形在中国的传统文化中也有一些比较美满的寓意，通常象征团圆和完美。所以在景观设计中，使用圆形能够更好地将场地凝聚、统一起来。圆形的使用也可以相互交叉和相互叠加。我们可以将大小不同的圆形空间聚集在一起构成一个富有凝聚力的更统一的空间形态。圆形的空间可以从圆心向外扩散，辐射到周边的其他环境中，将周边的其他环境组织起来，形成一个整体的空间，而且圆形也具有一定的运动感，它的四周都是圆弧，所以是可以随意运动的。用圆形构成的空间，通常整体较有律动感。如哥本哈根的五元桥，就是由五个圆形相互交错叠加而构成的一个桥体。整个桥面上的空间被大小不同的圆形围合，增加了游客经过这个桥时体会到的趣味性。而圆弧主要是以1/4圆为基本单位，加以组织变化，形成不同的空间形式。

西班牙的Marina Alta花园（见图2-55）就是以圆形和圆弧为主要元素构成该公园的空间。设计师Pepe Cabrera设计的这个项目是对传统花园的全新尝试，同时也参考了康定斯基画作所特有的风格，用几何元素有序地进行空间设计。圆形和曲线成为该公园的主导，整合、划分、组织空间，与周围环境形成联系而非相互抵触，由此创作出这个有韵律感、有创意的公园。

2. 自由式

自由式的景观空间构图通常是蜿蜒平滑的。自由曲线不需要按照一定的规律进行弧度的调整，通常会根据地形的需要、地形的形式以及设计师的设计理念，形成自由式构图的空间。自由式的景观空间重在模拟自然界的样貌和状态。设计师在进行自由式空间构图时，灵感通常源于大自然中的一些元素。如叶子的弧度当地水系中的河道曲线、等高线的弧度等，然后将其应用于设计中，与当地的自然环境、地形地貌等进行结合。除了从自然界中进行元素提取，也可以从当地的人文背景中进行元素提取，如从当地的一些民间手工艺等提取一些可用的元素，然后对元素进行简略处理，并抽象化，以此来得到可以用于空间构成的有效自由曲线。

图2-55　西班牙的Marina Alta花园

如哥本哈根的夏洛特花园（见图2-56），整个布局形式自由随性，斑块种植的植物远观形成一个个大色块，被设计师整合在一起，会让人联想到哥本哈根海浪的曲线，或是苔原上斑驳生长的青苔。在植物选择上，设计师大胆地选用了蓝羊茅、巴尔干兰草和紫色酸沼草。由自由曲线构成的斑块状植物群组，其形状取决于各种禾草的生长特点和造景特点。随着季节的更替，植物也呈现不同的色彩和状态。整个公园宛如一个巨大的调色板铺在城市里，在不同的季节给游客带来不同的体验。

图2-56　哥本哈根的夏洛特花园

2.2.6 城市公园空间的组织

城市公园空间的组织涉及多种形式，包括集中式空间、线性式空间、单元式空间和放射式空间等。每种组织形式都在城市环境中发挥着独特的作用，为人们提供了不同的休闲和娱乐体验。以下将探讨这些不同的组织形式的特点、优势以及适用场景。

1. 集中式空间

集中式空间是一种稳定的向心式构成，一般是由一定数量的次要空间，围绕一个大的主导空间组建而成。集中式空间无方向性，主入口按环境条件可以位于其中任意一个次要空间处。中央主导空间一般呈规则形状，尺寸较大，统领次要空间，也可以将其形态设计得比较特殊，以突出其主导地位。

2. 线性式空间

线性式空间是由若干单体空间按一定方向连接起来，构成空间系列，因此具有明显的方向性。它具有运动延伸的趋势，具有可变的灵活性，容易适应环境的变化，有利于空间的发展。在景观中，线性式空间的组织通常是由地形决定的，如一般在河流两岸会形成线性的带状景观区域、带状绿化带等。也可以是沿道路两侧呈线性分布，或是处于峡谷的底端。

线性式空间通常有两种组织形式：第一种是各小空间彼此相连；第二种是各小空间与同一条线性空间分别相连，且它具有一定的顺序性。在线性空间的组织中各个相互连接的空间的尺寸、形式和功能，可以相同，也可以不同。串联空间的终端可终止于一个主导空间或突出的入口，也可与其他环境融为一体。曲线或折线的串联可互相围合成一个新的空间。

3. 单元式空间

单元式空间是指将景观空间中各种不同的使用功能划分为若干不同的使用单元，并按照它们各自的属性及联系，将这些独立的单元以一定的方式和秩序组织起来，最终构成一个有机的整体。

单元的划分一般有以下两种形式。第一，依据不同性质的使用部分组成不同的功能单元。第二，将相同性质的主要使用空间分组布置，组成几种相同的使用单元。

4. 放射式空间

放射式空间是集中式空间与线性空间的结合，其由主导的集中式空间和向外辐射扩展的线性空间构成。放射式空间的整体空间形态呈外向型。集中式空间一般为规则式，向外延伸距离的长度、方向因功能或场地条件不同。空间组织形式通常能让空间的中心形成较强的领域感，与圆形的空间形式结合会更为恰当。

2.2.7 城市公园空间的构成方法

在城市公园空间的构成中，焦点、划分、限制、界线以及引导等因素扮演着关键的角色。通过精心设计和规划，这些要素相互交织，共同打造出一个宜人、舒适的城市绿地。以下将深入探讨这些要素在城市公园空间中的作用和相互关系。

1. 焦点

在设计和构成一个空间时，首先需要明确空间的焦点，即这种空间形式的几何中心和视觉中心分别位于哪里，是否满足设计的需求。

如一个围合式的集中空间，它的空间特征是由外向内聚集的。它的几何中心通常位于场地的中心，而它的视觉中心也位于这个位置。通常在它的中心位置上可以布置大型的雕塑、喷泉或者是孤植的乔木，让它成为人们在这个场地的心理中心。而它周围的环境设施则是沿着这个中心去进行布置的。所有的主要环境设施都在中心的附近，形成一定的聚集。而空间的外部则用绿植或矮墙进行围合和限定，来增强整个空间的凝聚感。一些小型的围合式空间比较适合人们面对面坐，满足人们的社交需求。

而放射式空间则恰恰相反。放射式空间的中心为几何中心，但却不会成为视觉中心，而是以此为视觉的起点。随着向外放射的线性视觉中心逐渐向外辐射，引导人们的视线向外扩展。放射式空间的视线焦点通常是沿着几何中心向外辐射的。对应的景观设施、休憩设施一般都是向中心设计。因此，放射式空间周围环境比较开阔，有利于人们观望。这一类空间领域感很强，人们在环境中的独立性也很好，一般适合用作没有过多社交功能的场地。

图 2-57 所示为上海智能医疗岛，中心集聚使人们最远步行 300 m 即可到达提供餐饮、购物、咖啡、沙龙、聚会、健身等混合功能的动力岛，高效组织能够避免对资源的重复布置与浪费。螺旋形态又打破了"集聚—放射"结构的单调，通过林荫大道将所有"岛"联系在一起，岛的形式丰富了滨水空间的类型，为人们提供了自由开放的正式与非正式的交流场所。

图2-57　上海智能医疗岛鸟瞰图

2. 划分

在设计中，空间需按照使用功能、空间性质、使用场景进行划分。这种划分并非需要在空间中去限制人的行为和视线，它只是一种功能上的界限。

常用的空间划分一般有以下几种。第一，利用场地的高差进行空间划分；第二，利用不同材质、色彩的对比进行空间划分；第三，利用空间中的限定物体进行空间划分，如植被、景观构筑物、公共设施和墙体等。

3. 限制

在进行空间的构成时，需要对游客的行为加以限制，这样的限制是为了让游客在场地中能够更安全、更有秩序感地进行游览活动。如一些交通管理措施、人行斑马线、交通护栏、交通标志，或者对园区内的车流、人流进行管控，实施人车分流，这些都是对游客的行为进行合理限制的措施。一些不能进入的草坪和一些不能触摸的植被，在园区中如有较深的湖泊或喷泉，都需要对游客进行行为的限制和警示（见图2-58）。甚至在我们的导视系统中，在一些园区内游客禁止进入区域，也可以设置一些警示标语和标牌，用以限制游客的行为。

图2-58　三门峡湿地公园警示标语和标牌

4. 界线

一个空间通常都有自己的界线，也称之为空间的边界。有的空间的界线是明确的，是一个可触摸的实体，如常见的封闭空间。而有的空间的界线是透明的、不可触摸的，如开敞空间就没有物理上非常明确的边界。但开敞空间依然会让人有心理上的边界感。界线能够使一个大的空间和每一个小的空间彼此区分开来。

空间界线的构成有多种方法。首先统一固定的边界，可以用墙体、建筑、栅栏、绿篱来建造，还可以把不同的材料混合在一起构成空间的界线，这种界线被称为复合边界。空间界线不一定会阻挡人的视线和行为，所以，它也只是在空间的高差上有所变化，或者空间的铺装材质和色彩有区别。

5. 引导

除限制游客的行为外，还需要在整个园区中引导游客，使游客按照规划去进行游览和活动。通常可以通过道路的组织、河流的方向以及园区的导视系统（见图 2-59）等方式去吸引游客的注意力。通过引导游客的视线，从而让游客跟着设计师所规划的游览路径进行游览。而在相应的功能区域内结合该场地的功能，打造空间氛围，让游客在恰当的空间里作出恰当的行为，从而进行适当的活动。从空间造景上来说，在打造一处空间景观时，都可以通过色彩对比、高差变化等形式来达到吸引游客视线的目的。

图2-59　Tagansky Children's Park导视系统

作业与思考：

1. 搜集3个现代城市公园的设计案例。
2. 根据搜集的案例，绘图分析公园的空间序列和空间关系。

2.3　城市公园规划布局原则与形式

城市公园与其他公园形式不同，其属于城市园林系统中极其重要的组成部分之一，属于城市公共绿地。城市公园由政府或社会组织建设经营，是供公众进行体育锻炼、科普教育、观赏休憩、游乐嬉戏的场地，具有改善城市生态、防灾减灾、美化城市的作用。

城市公园规划布局原则与形式 1

2.3.1　规划布局的一般原则

城市公园一般是由建筑物、街道和绿地等围合或限定形成的公共活动空间，是现代城市开放空间体系中最具公共性、艺术性且最能体现城市文化的开放空

城市公园规划布局原则与形式 2

间。设计者应根据城市的总体规划要求进行园林绿地规划设计，遵守国家及地方相关规范、标准、方针、政策等，充分利用基地现状及自然地形，有序规划公园的各个部分。

1. 根据城市公园的性质、功能确定公园内容、设施和形式

性质、功能是影响规划布局的决定性因素，不同性质、不同功能的公园有不同的规划布局形式。如纪念性公园，要求肃穆庄严，规划布局应规则整齐，所以应采取规则式布局（见图2-60）。城市动物园为配合动物生态的环境要求，体现动物和大自然的协调关系，一般采用自然式布局（见图2-61）。

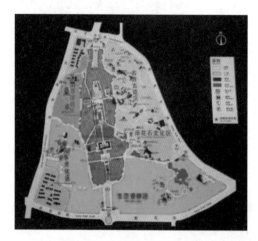
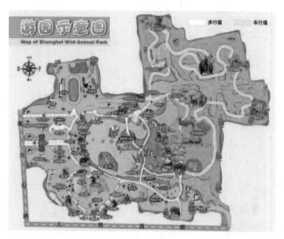

图2-60　南京中山陵平面图　　　　图2-61　上海野生动物园游园示意图

2. 公园中不同功能的区域和不同的景点应注意各自位置的确定及空间的处理

对于不同功能的区域来说，其所需求的基地要求也有所不同。同样，它的景观布置、设施内容也应有所区别，所以其位置的确定与空间关系的处理也要有所不同。

例如，安静的区域和娱乐的区域，其所进行的活动不同，所需空间属性也不同，互相之间不能干扰，所以二者既有联系又有区别。不同的景色分区，应使各景区、各景点有一定的空间独立性，不致景观杂乱无序。

3. 城市公园应具有自己的特征，有突出的主题，同时应注意全园的协调统一

城市公园的规划布局忌平铺直叙、没有特点和缺乏变化。每个公园都应具有自己的特色，突出自己的特征，才能使游客印象深刻。在设计的过程中需要围绕公园主题，继承和发扬传统造园艺术，以人为本，满足游客的使用需求，创造具有时代特色的城市公园。佛香阁位于北京市海淀区颐和园内万寿山前山台基上，其独特的造型成为整个公园的标志性建筑（见图2-62、图2-63）。

4. 因地制宜，巧于因借，充分利用现状条件以及景观要素

"景到随机，得景随形""俗则屏之，嘉则收之"，可以做到景区景色自然，并且突出自己的特色。例如，天津市水上公园（见图2-64）就是建在过去废弃的砖窑坑上，通过将各个窑坑地形加以规划设计，相互连接，形成了水域广阔且变化自然的水上风光。上海后滩湿地公

园(见图 2-65)的场地原为钢铁厂和后滩船舶修理厂所在地,通过对场地原有地形的规划设计,设计师将整个场地从原有的工业场地改造成一个新的生态系统,而且该系统拥有了食物生产、防洪泄洪、水净化和栖息地生成等综合生态功能。

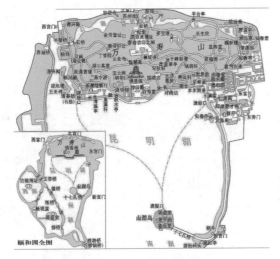

图2-62　北京颐和园平面图

图2-63　佛香阁

图2-64　天津市水上公园

图2-65　上海后滩湿地公园

5. 充分考虑到工程技术上的可实施性

城市公园规划必须具有艺术性,但这种艺术性必须建立在可靠的工程技术的基础上;在达到艺术性的同时,必须要确保公园施工的安全性、可实施性。

2.3.2　公园规划布局的常见形式

城市公园规划布局共有三种形式:规则式、自然式和混合式。

1. 规则式

规则式又可称为整体式、几何式和图案式,强调轴线的对称,多用几何形体对园区内各要素进行对称布置。它具有庄严、雄伟、肃静、整体、人工美的特点。但由于过分强调图形的对称,也会存在过于严整、呆板的缺点。从古埃及、古巴比伦、古希腊、古罗马时期到18

世纪英国风景式公园产生之前，西方公园主要是以规则式为主，其中以文艺复兴时期意大利的台地园和 19 世纪法国勒诺特式公园为代表（见图 2-66）。

规则式公园主要具有以下特征。

中轴线：全园在平面规划上有明显的中轴线，并大抵依中轴线的左、右、前、后对称或拟对称布置，园地的划分大都呈几何形体（见图 2-67）。

图2-66　勒诺特式公园

图2-67　明显的中轴线及对称绿植

地形：在开阔且较平坦地段，由不同高程的水平面组成；在山地及丘陵地段，由阶梯式的水平台地倾斜平面及石阶组成，其剖面均由直线组成。

水体：其外轮廓均为几何形，主要是圆形和长方形，水体的驳岸多整形、垂直，有时加以雕塑。水景的类型有整形水池、喷泉、壁泉及水渠运河等。水景的造型大多以古代神话雕塑和喷泉组成。

广场与道路：广场多呈规则对称的几何形，主轴和副轴线上的广场形成主次分明的系统；道路均为直线形、折线形或几何曲线形。广场与道路构成方格形式、环状放射形式、中轴对称或不对称的几何布局。

建筑：主体建筑组群和单体建筑多采用中轴对称均衡设计，多以主体建筑群和次要建筑群形成与广场、道路相组合的主轴、副轴系统，形成控制全园的总格局。

种植规划：配合中轴对称的总格局，全园树木配置以等距离行列式、对称式为主，树木修剪整形多模拟建筑形体、动物造型，绿篱、绿墙、绿门、绿柱为规则式园林较突出的特点。园内常运用大量的绿篱、绿墙和丛林划分和组织空间，花卉布置通常是以图案为主要内容的花坛和花带，有时也会布置成大规模的花坛群。

园林小品：园林雕塑、瓶饰、园灯、栏杆等装饰点缀了园景。西方园林的雕塑主要将人物雕塑布置于室外，并且雕塑多配置于轴线的起点、交点和终点。雕塑常与喷泉、水池构成水景主景。

2. 自然式

自然式又称风景式、山水式和不规则式。这种公园的特点是无明显的对称线，各种自然要素自由放置。创造手法是效法自然、服从自然，但是高于自然，它具有灵活多变、幽雅静谧的自然美。其缺点是难以与严整、对称的广场、建筑相配合。在地形复杂多变、有较多不规则的条件下采用自然式较为适宜，可以形成富有变化的景观视线。

自然式公园起源于我国周朝，经过历代的发展，不论是皇家宫苑还是私家宅园，都是以自然山水为源流。发展到清代，保留至今的皇家园林，如颐和园、圆明园；私家宅园，如苏州的拙政园（见图2-68）、留园、承德避暑山庄（见图2-69）等都是自然山水园的代表作品。

图2-68　苏州拙政园

图2-69　承德避暑山庄

自然式公园有以下特点。

地形：自然式公园的创作讲究"相地合宜，构园得体"。处理地形的手法主要是"高方欲就亭台，低凹可开池沼"的"得景随形"。自然式公园的主要特征是"自成天然之趣"，所以，在公园中，要求再现自然界的山峰、山巅、崖、岗、岭、峡、岬、谷、坞、坪、洞、穴等地貌景观。

水体：自然式公园的水体讲究"疏源之去由，察水之来历"（见图2-70）。公园水景的主要类型有湖、池、潭、沼、汀、泊、溪、涧、洲、渚、港、湾、瀑布、跌水等。总之，水体要再现自然水景。水体的轮廓为自然曲折，水岸为自然曲线的倾斜坡度，驳岸主要有自然山石驳岸、石阶等形式。在建筑附近，也可以根据造景需要用条石砌成直线或折线驳岸。

广场与道路：除建筑前广场为规则式外，公园中的空旷地和广场的外轮廓均为自然式的。道路的走向、布列多随地形，道路的平面和剖面多由自然起伏曲折的平曲线和竖曲线组成。

园林小品：包括假山、石品、盆景、石刻、砖雕、木刻等。

种植规划：自然式公园种植要求反映自然界植物群落之美（见图2-71），不成行成列栽植。树木不修剪，配置以孤植、丛植、群植、密林为主要形式。花卉的布置以花丛、花群为主要形式。庭院内也有花台的应用。

建筑：单体建筑多为对称或不对称的均衡布局；建筑群或大规模建筑组群，多采用不对称均衡的布局。全园不以轴线控制，但局部仍有轴线的处理。中国自然山水园的建筑类型有亭、廊、榭、舫、楼、阁、轩、馆、台、塔、厅、堂和桥等。

3. 混合式

混合式是将规则式与自然式的特点融为一体，而且这两种形式的比例大体接近。在公园规划中，原有地形平坦的可规划成规则式，原有地形起伏不平，丘陵、水面多的可规划成自然式；树木少的可以规划为规则式；大面积园林以自然式为宜，小面积园林则以规则式较为经济；四周环境为规则式则宜规划为规则式，四周环境为自然式则宜规划为自然式；居民区、机关、工程、体育馆、大型建筑物前的绿地以混合式为宜，例如，重庆中央公园（见图2-72），就是以北部规则式、南部自然式的混合式布局进行规划设计的。

图2-70 "疏源之去由，察水之来历"

图2-71 自然式公园植物群落之美

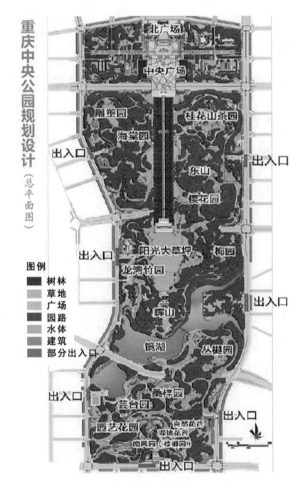

图2-72 重庆中央公园规划设计总平面图

2.3.3　城市公园景点与景区

公园的景点和景区是城市公园的重要组成部分，是为了满足城市居民的休闲、娱乐需要而设置的。

1. 城市公园景点

景点是指美学特征突出、对游客具有吸引力的景物，是地理景观中具有独特风景的片段。它是观光游览的最小单位，也是公园景区划分的最小单位。

2. 城市公园景区

景区是指在地理上有明显的界线，由若干景点组成景区，若干景区组成整个公园，供游客逗留、休息和参观的场所。这是我国传统的"园中有园，景中有景"的手法，景区中的景点是相互关联的，各景点在景观构成和空间组织上的有机统一，组成一个完整协调的景观空间。例如，杭州花港观鱼公园（见图2-73）以"花、港、鱼"为主题构成若干景区，组成了完整的城市公园景区。

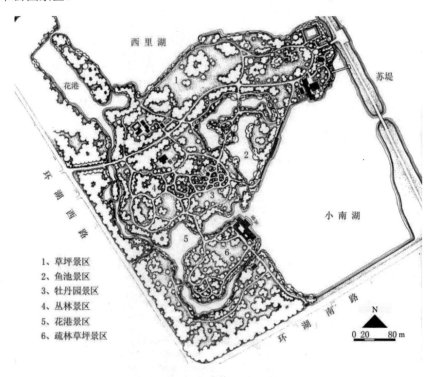

图2-73　杭州花港观鱼公园平面图

作业与思考：

1. 总结城市公园规划布局的原则与形式。

2. 对两个不同的布局形式的城市公园进行案例分析，并总结其优、缺点。

第3章

城市公园构成要素设计

教学目标：通过本章的学习，使学生系统掌握城市公园构成要素的设计方法，从地形、道路、铺装、水体、植物和环境设施小品六个方面对城市公园的设计内容进行介绍，并结合大量的案例，使学生充分理解。

教学重点：掌握城市公园六大构成要素的设计方法，通过实地调研的方式，让学生撰写调研报告，从而对城市公园设计有更加系统的认识和理解。

学时分配：12学时。

3.1 地形

在景观设计中，地形是所有景观构成要素的基础，是连接景观中所有空间和因素的主线。地形设计与景观空间的构成有着密切的关系，同时对排水、植物种植、环境小气候也有着深远的影响。

3.1.1 地形设计的形式

城市公园的地形设计主要有两种形式，即自然形式的地形和人工形式的地形。

城市公园的地形
分类及设计

1. 自然形式

自然形式的地形是指充分利用自然环境，以土石、草坪、乔木、灌木等自然材料为主，模拟自然地形、地貌塑造的地形。在城市公园设计中，自然形式的地形最常见，比如土丘、微丘草坪（见图3-1）、自然水岸等。图3-2中的北杜伊斯堡景观公园中保留了原来的河道，给人更加生态、更加自然的感觉。

图3-1　微丘草坪　　　　图3-2　北杜伊斯堡景观公园中的自然水岸

2. 人工形式

人工形式的地形是指以土石、草坪、铺装材料等，人工塑造的造型式地形，或为解决场地现有高差，创设高程变化，设计的坡道、台阶、台地等。图3-3所示为西安唐大慈恩寺遗址公园中的用假山堆砌出来的峡谷，图3-4所示为成都麓湖穿水公园中的互动水溪，使游客产生穿行于幽谷之中的感受。图3-5所示为重庆大数据智能化展示中心的台地式生态草阶，不仅完善了步行交通功能，还结合亲水小广场，形成功能灵活，集亲水、观景、休闲、演艺活动为一体的湖滨露天小剧场。

图3-3 西安唐大慈恩寺遗址公园 　　　　　图3-4 成都麓湖穿水公园

图3-5 重庆大数据智能化展示中心景观

3.1.2 城市公园的地形分类及设计

1. 平坦地形

平坦地形就是任何土地的基面在视觉上与水平面平行。但在实际的环境中，并不存在绝对平行的场地，任何看似平坦的场地都会有一定的坡度，并且这种坡度往往是难以察觉的。平坦地形是所有地形中最稳定、最简单的地形。在城市公园的设计中，平坦地形是聚会、活动的理想场地，适合用来设计中心广场和各类活动游戏场地。

平坦地形在设计中常与道路连通,二者结合形成带状风道,加强场地通风,改善园内的空气质量。如深圳四季公园与道路连通,得益于场地的自然风,使其在夏季时成为市民纳凉的好去处(见图3-6)。平坦地形中各个区域的光照强度是一致的,因此在植物种植的设计中应以落叶阔叶乔木为主,以方便人们在夏季时遮阴纳凉,在冬季时享受温暖的阳光。图3-7所示为周口万达芙蓉湖生态城市公园中的儿童娱乐区,这里种植的均为落叶阔叶植物,更好地满足了儿童和家长的活动需求。

图3-6 深圳四季公园　　　　　　　　图3-7 周口万达芙蓉湖生态城市公园

2. 土丘地形

土丘地形是凸地形的一种表现形式,是城市公园地形设计常用的手法之一,它适用于水岸、活动场地等区域,有助于形成丰富的景观空间。在公园水环境设计中,设置略高于水面的凸地可以防止波浪破坏水岸的生态环境,打造沿岸的安全屏障,达到季节性防洪的目的。图3-8所示为周口万达芙蓉湖生态城市公园中的防波土丘。图3-9所示为美国达拉斯城市公园中的蝶形喷泉和土丘微地形,为儿童提供游乐空间的同时,也起到了分隔空间的作用。

图3-8 周口万达芙蓉湖生态城市公园中的防波土丘　图3-9 美国达拉斯城市公园中的蝶形喷泉和土丘微地形

3. 谷地地形

谷地地形是具有明显方向性的下凹空间,有利于汇集雨水和解决排水等问题。在集水谷地中,沟渠汇集地表径流并加大雨水下渗面积,延长渗水时间。如果将沟渠内的地面改为砾石铺面或种植植物,可增强渗水能力和场地湿度(见图3-10)。高差较大的谷地地形可提供较多的日照散射空间,形成低日照区,不仅在盛夏具有遮阳作用,而且还为喜阴的植物提供了生长空间。

4. 凹地形

凹地形在景观中被称作碗状洼地。凹地形的空间制约程度取决于周边坡地的高度和陡峭程度以及下部平坦空间的宽度。凹地形是一个具有内向性、不受干扰的空间，通常其视线方向是向内和向下的，经常被用作室外的舞台（见图3-11）。

图3-10　谷地地形的排水铺地　　　图3-11　城市公园中的凹地形常被用作室外舞台

3.1.3　城市公园中地形的功能

城市公园中的地形对人们在空间中的使用形式常起到至关重要的作用，同时对局部气候的影响也是较为明显的。下文将从分隔空间、控制视线、影响游览路线和速度、改善环境小气候和美学功能等五个方面进行详细介绍。

1. 分隔空间

地形可以利用许多不同的方式创造和限制外部空间，这种特征尤其在凹地形和谷地地形中表现得更加明显。当使用地形来限制外部空间时，空间地面的范围、坡地的高度和陡峭程度以及地平轮廓线三个因素直接影响人们的空间感受。图3-12所示为地形的三个可变因素与空间感的关系。在地面面积不变的情况下，通过改变坡度和地平轮廓线也可以构成不同的空间类型（见图3-13）。

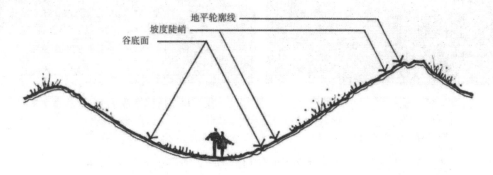

图3-12　地形的三个可变因素与空间感的关系（图片来源：风景园林设计要素）

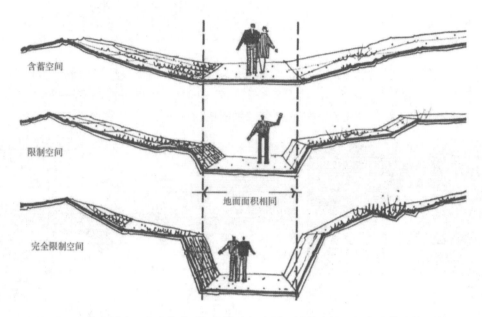

图3-13　不改变地面面积也能构成不同的空间类型（图片来源：风景园林设计要素）

2. 控制视线

不同的空间类型，引导视线的方向是截然不同的。我们可以利用地形的设计来引导人们将视线保持在良好的风景上，同时对不好的景物进行遮挡，从而保证游客更好的游园体验。意大利的兰特庄园以台地式设计，始终将游览路线和视线方向控制在主轴线上（见图3-14）。另外，前文提到的成都麓湖穿水公园的设计中，整个公园比周边道路和居民区下沉了 5.5 m左右，这样就形成了一条不受外界干扰的绿荫掩映下的廊道，同时也保证了周围居民的安静生活空间，如图 3-15 所示。

图3-14　意大利的兰特庄园

图3-15　成都麓湖穿水公园的互动水溪

3. 影响游览路线和速度

一般来说，人们更愿意在阻力小的空间中行走，从地形的角度上来说，在平坦的地方游客的行走速度较快，而上坡和上台阶时行走速度较慢。因此在城市公园的设计中，平坦的地形常被用作广场，山地地形中设置的道路应尽量平行于等高线，以减缓坡度，有坡度和台阶的区域常会设置休息平台，这样既能起到观景的作用，又能满足人们短暂休息的需求。

4. 改善环境小气候

我国大部分地区冬季盛行西北风，夏季盛行东南风。在设计活动场地时尽量在西北区域设置相对的高地，这样可以阻隔一部分冬季寒冷的风，同时保证南面和东面的开敞，方便夏季风进来，以营造舒适的环境。

5. 美学功能

地形具有很多潜在的视觉特性。在城市公园中塑造地形的手法有草坡、石材、跌水等，它们带来的视觉感受不同。通过运用不同的手法来塑造地形，可为人们创造更加丰富的空间和视觉体验。

以美国圣塔莫尼卡市 Tongva 公园（见图 3-16）为例，整个公园一共塑造了四个不同主题的山丘，分别是瞭望山丘、花园山丘、聚会山丘和探索山丘，给不同年龄层次和不同需求的人们提供了相应的活动场地。其中瞭望山丘将公共卫生间巧妙地隐藏在山丘的下方，贝壳状廊架置于山丘的上方，坐拥大海壮阔的全景（见图 3-17）。花园山丘是由一系列的内凹座椅与叠水节点以及私密性的花园构成（见图 3-18）。聚会山丘主要是由阶梯状的座椅环绕多功能草坪构成（见图 3-19）。探索山丘深受孩子们的喜爱，水景和小城堡在茂密成荫的绿树中若隐若现（见图 3-20）。

2018 年建成的科佩尔中央公园是将大地艺术和使用功能相结合的典型案例，公园的结构骨架是微丘地形。它们被精确地布置在场地中，嵌入明媚而起伏的草地，将整个公园柔和地划分为独立内向的小岛。各结构的高度也根据使用需求有所变化：时而高起，用作屏风与隔音墙；时而低下，保障不同区域间的畅通无阻。有机的形式在场地中形成了观众席、儿童训练场、攀岩墙、海滨酒吧背景墙、音乐会场地、儿童游乐场和阅读区等，如图 3-21 所示。

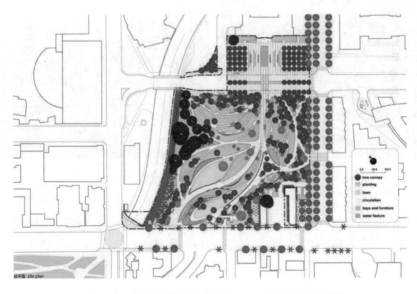

图3-16　美国圣塔莫尼卡市Tongva公园的总平面图

图3-17　瞭望山丘

图3-18　花园山丘

图3-19　聚会山丘

图3-20　探索山丘

图3-21　科佩尔中央公园

6. 提供活动场地

　　丰富多彩的地形可以用作不同功能类型的景观，设计者应充分考虑使用者多种多样的活动需求，结合用地实际情况进行地形设计。不同类型地形的景观特征及作用如表3-1所示。

表3-1 不同类型地形的景观特征及作用

地形类型		景观特征	作 用
平地		坡度小于3%,较平坦的地形,如草坪、广场	①统一协调景观; ②有利于植物景观的营造和园林建筑的布局; ③便于开展各种室外活动
坡地	缓坡	坡度为3%~12%的倾斜地形,如微地形、平地与山体的连接、临水的缓坡等	①能够营造变化的竖向景观; ②可以开展一些室外活动
	陡坡	坡度大于12%的倾斜地形	① 便于欣赏低处的风景,可以设置观景台; ②园路应设计成梯道; ③一般不能用作活动场地
山体		分为可登临和不可登临的山体	①可以构成风景,也可以欣赏周围的风景; ②能够创造空间,组织空间序列
假山		人工地形,山体较小	①可以划分和组织园林空间; ②成为景观焦点; ③山石小品可点缀园林空间,陪衬建筑、植物; ④作为驳岸、挡土墙、花台等

作业与思考:

1. 简述公园地形的分类。
2. 调研一个公园,分析其地形在公园设计中有哪些作用。

3.2 道路

城市公园的交通组织,即公园内园路的组织与布局。园路是公园内各种路径的统称,包括车行道、主要步行道和小径。园路是构成公园规划结构的骨架,是公园内功能布局的基础,在公园设计中的作用极为重要。园路作为园内外的基本脉络,起到连通内外的作用,是公园游客活动的主要通道,具备最基本的交通功能。其范围通常包括公园道路红线范围内的所有内容,主要分为路面、设施和停车场,具体包括机动车道、非机动车道、步行道、隔离带、绿化带,以及道路的排水设施、照明设施、地面线杆、地下管道等构筑物。

3.2.1 公园的交通组织和路网布局

公园的交通组织和路网布局的方式有人车分行和人车混行两种。

公园道路的
布局方法

1. 人车分行

人车分行的路网组织方式一般适用于面积较大的城市公园,如杭州西湖景区(见图 3-22)和杭州西溪湿地公园(见图 3-23)均采用人车分行的组织方式,其目的在于能满足人们游玩便捷性的同时,还能够保障公园环境的独立性和安全性。人车分行的路网组织方式使公园内各项游憩活动能正常进行,避免人车动线冲突引发的交通安全、噪声、空气污染等问题。基于这样的目标,在设计园路的路网布局时应遵循以下几个原则。

（1）进入公园后步行道和车行道在空间上分离，设置步行道与车行道两个独立的路网系统。

（2）车行道应分级明确，可采取围绕公园布置的方法，并以环状或枝状尽端的路通往各个主要景点的出入口。

（3）在车行道周围或尽端，应设置适当数量的停车位。

（4）步行道应将景区内部的绿地、活动场地、公共服务设施串联起来，并延伸到各个景区的入口。

图3-22　杭州西湖景区　　　　　　　　图3-23　杭州西溪湿地公园

2. 人车混行

人车混行的交通组织方式一般使用在交通量不大、面积较小的公园中。当然，随着人们生活水平的提高，私家车数量的增多，为了保证公园中的空气质量，越来越多的公园不允许私家车进入，这已经得到市民的普遍理解和认可。

3.2.2　公园道路分级、宽度与设计规定

1. 道路的分级和宽度

园路应根据公园总体设计中确定的路网及等级，进行园路宽度、平面和纵断面的线形以及结构设计。园路一般分为主路、次路、支路和小路四级。公园面积小于 10 hm^2 时，可以只设三级园路。园路的宽度应根据通行要求确定，并应符合表 3-2 的规定。

表3-2　园路宽度

园路级别	公园陆地面积/hm^2			
	A<2	2≤A<10	10≤A<50	A≥50
主路	2.0～4.0	2.5～4.5	4.0～5.0	4.0～7.0
次路	—	—	3.0～4.0	3.0～4.0
支路	1.2～2.0	2.0～2.5	2.0～3.0	2.0～3.0
小路	0.9～1.2	0.9～2.0	1.2～2.0	1.2～2.0

资料来源：《公园设计规范》（GB 51192—2016）。

2. 道路设计的有关规定

（1）绿地内的道路应随地形曲直、起伏。绿地内主路、次路的纵坡宜小于 8%，同一纵坡坡长不宜大于 200 m；山地区域主路、次路的纵坡应小于 12%，超过 12% 应做防滑处理；积雪或冰冻地区道路的纵坡不应大于 6%。

（2）支路和小路的纵坡宜小于 18%；纵坡超过 15% 的路段，路面应做防滑处理；纵坡超过 18% 的地段，宜设计为梯道，且梯步不少于两级。

（3）经常通行机动车的园路宽度应大于 4 m，转弯半径不得小于 12 m。

（4）园路在地形险要的位置应设置安全防护措施。

（5）公园出入口及主要园路宜便于通过残疾人使用的轮椅，其宽度、坡度及面层材料的设计应符合国家标准《建筑与市政工程无障碍通用规范》（GB 55019—2021）的有关规定。

3.2.3 公园道路的布局方法

1. 园路的风格及形式

园路的设计总体上要以园区本身的特点、性质及使用功能为依据，且与园区本身的布局形式和谐统一。

园路的形式一般有直线式和曲线式两种，园路的风格可分为自然式、规则式和混合式。自然式园路通常采用不规则的曲线形式，如北京陶然亭公园（见图 3-24）；规则式园路大多呈直线或者规则曲线，纪念式的园林大都采用这种形式；混合式园路采用直线和不规则曲线相结合的形式，现今大多数的城市公园都采用混合式的布局形式，如重庆中央公园（见图 3-25）。

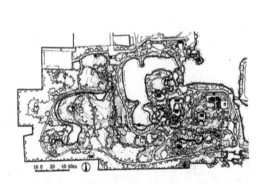

图3-24　北京陶然亭公园之华夏名亭园平面图

图3-25　重庆中央公园鸟瞰图

2. 园路的布局

1）套环式园路

套环式园路是在园路的布局设计中，园内各级道路之间相互连接、环环相套，形成闭合线路（见图 3-26）。套环式园路是公园设计中使用得非常普遍的一种形式，但是有时受到狭长地形的限制，无法使用这种布局形式。

2）条带式园路

条带式园路以条带状为主，不会形成闭合线路，常用于条带状的公园中，如滨河公园、环城公园等（见图3-27）。

3）枝干式园路

枝干式园路多分布于河谷、山谷区域，受地形的影响，在谷底或河沟形成主路，景点分布于两侧山间，需要通过支路到达，但因各景点之间距离较远，无法在山间连通，因此形成了类似树枝状的道路分布情况。

图3-26　西安兴庆公园平面图　　　　　　图3-27　西安环城公园局部鸟瞰图

作业与思考：

1. 了解公园的交通组织方式，并调研周边的公园，绘制出道路分析图。

2. 掌握公园道路分级、宽度的设计规定。

3.3　铺装

所谓铺装材料，是指具有任何硬质的自然或人工的铺地材料。在公园设计中，应当根据公园总体设计的布局要求，确定各种铺装场地的面积。在设计铺装场地时，应结合不同的场地功能来进行，如集散、活动、观景、休憩、行走等不同功能的场地在铺装材料和铺贴形式上应有所不同。

3.3.1　铺装场地的分类

在城市公园中铺装场地主要分布在集散广场、休息场地、园路、停车场、游戏活动场地等区域。

铺装的功能及
应用

1. 集散广场

城市公园的集散广场多设置在公园的出入口、配套建筑的前后以及主园路交叉口，这些区域人流量较大，功能以人流疏散为主。集散广场的铺装要求是地面平整、坚固、耐磨、防滑，在形式上要简洁大方，便于施工和管理（见图3-28）。

2. 休息场地

公园中的休息场地主要分布在安静区域，场地的面积一般较小，功能主要以短暂的休息和赏景为主，通常会设置一定数量的座椅、休闲凉亭、廊架等。休息场地比集散广场的人流量大大减少，因此铺装材料的耐磨强度要求相对较低，设计过程中会更加注重细节的变化，鹅卵石和各类块料铺装材料通常会用在此类场地中。图 3-29 所示的重庆鹅岭公园的休息区就使用了汀步和花砖铺设。

图3-28　周口万达芙蓉湖生态城市公园滨水广场　　　　图3-29　重庆鹅岭公园中的休息区

3. 园路

公园中的园路一般可以分为主路、次路、支路和小路。主路作为公园的主要游览路线承载了较大的人流以及必要的车流，如垃圾清运车、路面清扫车等，因此，主路的地面铺装对于荷载的要求较高，多采用沥青混凝土铺装。次路一般在大于 $10hm^2$ 的公园中才会设置，是比主路低一个等级的道路，其铺装形式基本与主路相同。

支路的宽度与公园的总面积有直接的关系，在面积较大的公园（通常指大于 $50 hm^2$）中，支路仍然会采用整体铺装的形式，而面积较小的公园支路则多采用耐磨防滑的花岗岩砖或预制混凝土砖铺装。游客在小路的行走速度通常较慢，因此铺装会更偏重于细节的变化，让游客在漫步时有更加丰富的视觉体验。如图 3-30 所示，太湖湿地公园中的园路使用的是碎拼铺装和青砖铺装，收边采用仿古面黑色花岗岩，整体协调美观，细节丰富。

4. 停车场

在大型的公园设计中，停车场是必不可少的。停车场的铺装主要考虑满足车辆行驶时的荷载，同时兼顾一定的可持续性，通常使用植草砖和透水砖（见图 3-31）。

5. 儿童游乐场地

儿童游乐场地的规模一般根据公园用地面积的大小、公园的位置、周围居民的分布情况、少年儿童的游客量、公园用地的地形条件来确定。儿童游乐场地中的铺装材料应充分考虑儿童的使用安全性，地面铺装通常以塑胶和沙地为主（见图 3-32）。

6. 老年人活动场地

老人活动场地主要用来满足老年人健身娱乐的需求，此区域的铺装应平整美观，对防滑性能要求较高。健身器材区域最好采用塑胶等软质弹性材料,以减少老年人因摔倒、磕碰带来的伤害(见图3-33)。

图3-30 太湖湿地公园园路铺装

图3-31 公园停车场铺装

图3-32 成都麓湖云朵乐园儿童活动场地的铺装

图3-33 老年人活动场地的塑胶铺装

3.3.2 铺装材料的种类

园林景观的铺装材料通常包括:沥青、混凝土、石材、预制砌块、木材、高分子材料等。

1.沥青铺装

沥青铺装是指在矿质材料中掺入路用沥青材料铺筑的各种类型的路面。沥青结合料提高了铺路用粒料抵抗行车和自然因素对路面损害的能力,使路面平整少尘、不透水、经久耐用、摩擦性能好、容易修补;其不足之处在于不耐热,容易变形。在景观园林中,用于铺装的沥青主要分为不透水沥青、透水沥青和彩色沥青。

1)不透水沥青

不透水沥青又被称为普通沥青,主要用在公园主园路、次园路和停车场。

2)透水沥青

透水沥青路面又称为"排水降噪路面",是一种新型的路面结构,其在原料中混入了特别研制的改性沥青、消石灰、纤维,能有效降低高速行驶的车辆与路面摩擦引起的爆破声,而且其自身具有完备的排水系统，使雨水下渗，路面积水的反光现象由此成为历史，雨天机动车打滑的现象也将大幅减少。但是透水沥青的价格一般高于普通沥青，因此在很多园林中尚未完全普及。透水沥青也通常用于公园的主园路、次园路和停车场（见图3-34）。

3）彩色沥青

彩色沥青，又名彩色胶结料，是筑路材料的一种，广泛应用于绿化带、自行车道、园林景观道路等慢行系统中。在城市公园中，彩色沥青常用于人行道，有着很好的装饰性（见图3-35）。

图3-34　城市公园中的透水沥青道路　　　　图3-35　用彩色沥青铺设树池

2. 混凝土铺装

混凝土铺装是指以水泥混凝土板作为面层，下设基层、垫层所组成的路面结构，又称刚性路面。在园林中使用的混凝土通常包括素混凝土、透水混凝土、彩色混凝土和压花混凝土等。

1）素混凝土

素混凝土具有坚硬牢固、施工简单、经久耐用、维护成本低的特点，此种材料相较于沥青路面其耐热和抗变形能力强，但是不易修补。在城市公园中，素混凝土常用于铺装主园路、次园路、停车场和广场。

2）透水混凝土

透水混凝土有着较高的承载力，具有透水、透气、重量轻、易维护和抗融冻的特点，其耐用性高于透水砖。但其承载力不如素混凝土，因此在城市公园中，通常不会用在车流量较大的区域，而主要用于铺装主、次园路的人行道。

3）彩色混凝土

彩色混凝土是以白色水泥、彩色水泥或白色水泥掺入彩色颜料，以及彩色骨料和白色或浅色骨料按一定比例配制而成的混凝土，其性能与透水混凝土相同。彩色混凝土具有较高的装饰性，常用在停车场、园路人行道区域，能够起到美化或标识作用（见图3-36）。

4）压花混凝土

压花混凝土是在未干的水泥地面上加上一层彩色混凝土，然后用专用的模具在水泥地面上压制而成。压花混凝土能使水泥地面永久地呈现各种色泽、图案、质感，逼真地模拟自然的材质和纹理，适用于广场、园路等区域（见图3-37），有着很好的装饰效果。

3. 石材

石材是景观中的常用材料，类型以花岗岩居多，另外青石板、卵石等也常用在面积较小的场地中。

图3-36　彩色混凝土铺装　　　　　　　　　　　　　图3-37　压花混凝土铺装

1）花岗岩

花岗岩有着质地坚硬、耐磨的特点，是室外景观的良好铺装材料，常用的品种有黄锈石、芝麻白、芝麻黑、黄金麻、黑金沙等。面层多做防滑处理，以火烧面、蘑菇面、拉丝面、剁斧面为主。图3-38所示的园路就是由红色和白色的花岗岩组合拼贴而成。

2）青石板

青石板（见图3-39）质地密实，强度中等，易于加工，可采用简单工艺将其凿割成薄板或条形材，是理想的园林铺装材料，但因其强度不高，所以多用在人流量不大的小路或面积较小的休息场地。

图3-38　红色和白色花岗岩组合拼贴的园路　　　　　图3-39　青石板铺装的园路

3）卵石

卵石是指风化岩石经水流长期搬运而形成的粒径为60～200 mm的天然无棱角卵形颗粒，在城市公园中常用于小路或小场地的边缘，起装饰作用（见图3-40）。其强度低，且造价高，因此，切勿用于大面积的场地。

4）页岩

页岩是由黏土脱水胶结而成的岩石。页岩以黏土类矿物（如高岭石、水云母等）为主，具有明显的薄层理构造。因其特有的纹理,常用作园林铺装的理想材料。其铺贴方式有平铺（见

图 3-41）和竖铺（见图 3-42）两种。页岩常用于公园中的小路、台阶和小广场。

5）砾石

砾石是城市公园中良好的生态铺装材料，有着良好的透水性，对补充城市地下水大有帮助。就排水设备而言，与混凝土路面或沥青路面相比，花费较少。其缺点在于不方便清扫，同时需要在旁边固定比较坚硬的材料，以确保其固定在相应的区域内，并且需要定期将其耙平（见图 3-43）。

图3-40　卵石铺装　　　　　　　　　　　　图3-41　页岩平铺铺装

图3-42　页岩竖铺铺装　　　　　　　图3-43　燕尾洲公园的砾石铺装

4. 预制砌块

预制砌块是利用混凝土、工业废料（如炉渣、粉煤灰等）或地方材料制成的人造块材（见图3-44），外形尺寸比砖灵活。预制砌块铺装具有良好的透水性能，可以将部分雨水渗透到地下，有利于植物的生长。在城市公园中，通常用预制砌块铺装小路和小场地（见图3-45），预制砌块的铺贴方式有多种，如顺砌铺装、人形拼砌、对拼、席纹拼砌（见图3-46）等。

图3-44　预制砌块　　　　　　　　　　图3-45　预制砌块铺装园路

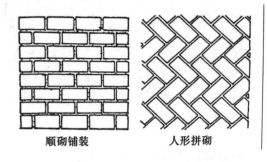 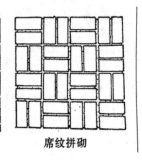

顺砌铺装　　　　　　人形拼砌　　　　　　对拼　　　　　　席纹拼砌

图3-46　预制砌块铺装常用的铺贴方式

5. 木材

木材凭借其天然的纹理和色泽，深受园林景观设计师的喜爱。但是因其强度低、成本高，通常用于滨水平台，以及栈道或道路两侧的休息平台。城市公园中常用的木材有防腐木、塑木和竹木。

1）防腐木

防腐木多用樟子松作为原料，经过一定的防腐处理，具有防潮、防霉、防白蚁的功能，常用于滨水区域。图 3-47 为城市公园中的防腐木平台，有着自然的色泽和纹理，与城市公园的整体环境搭配得十分协调。

2）塑木

塑木，也叫"木塑复合材料"，可理解为主要以聚丙烯（PP）、聚乙烯（PE）、聚氯乙烯（PVC）等回收的废旧塑料为原料，通过添加木粉、稻壳、秸秆等废植物纤维混合成新的木质材料，再经挤压、模压、注射成型等工艺，生产出的板材或型材。塑木兼具塑料的耐水防腐和木材的质感两种特性，这使它成为一种性能优良并十分耐用的景观铺装材料，常用于滨水平台、园路等（见图3-48）。

图3-47　防腐木平台

图3-48　塑木铺装

3）竹木

竹木是以竹子为原材料，经过刨皮、蒸煮、涂胶、热压等工序加工而成的工业用竹胶板。因其色泽和耐久性较好，竹同样是园林铺装的理想材料，一般用于小路、观景平台（见图3-49）。

6. 高分子材料

在园林景观中，比较常见的高分子材料是塑胶和EPDM橡胶，两者均具有一定的弹性，在城市公园中主要用在儿童游戏场地和健身器材区（见图3-50）。在造价方面，EPDM橡胶略高于普通塑胶，但其寿命长、易维护、环保、可再生利用，更符合可持续设计的理念。

图3-49　竹木铺装

图3-50　儿童游乐场地的EPDM橡胶铺地

3.3.3　铺装的功能及应用

在城市公园的设计中，铺装主要是满足以下几个功能。

1. 承载功能

承载功能是铺装的基本功能，铺装提供了人行和车行的空间，其作为承载体，承担了相应的重量，并能够满足高强度的使用。铺装用地多与公共绿地结合，组成了不同的功能区。

2. 引导功能

铺装具有一定的引导功能，不同的铺装形式能够给人不同的心理感受。

1）带状或线形的铺装

带状或线形的铺装具有引导性，提示游客按照一定的路线、序列、角度来游览景色，例如，哥本哈根超级线性公园中使用白色的线条来暗示游客的游览方向（见图3-51）。

2）方格式铺装

方格式铺装呈现一种静止、稳定的效果，一般用于人群需要驻足停留的场所，在城市公园中的小型休息场地常采用这种铺装形式。如图3-52所示，重庆长嘉汇文化街区公园中的休息区主要使用方格式铺装，而外侧的主要人行道则改用条带状的铺装形式。

图3-51　哥本哈根超级线性公园　　　　图3-52　重庆长嘉汇文化街区公园

3）环形辐射铺装

环形辐射铺装具有强烈的中心感，当需要游客关注某一重要景点时，则可采用这种铺装形式（见图3-53、图3-54）。

图3-53　纪念碑周围的圆形铺装　　　　图3-54　公园中的环形铺装

3. 提示游客行走的速度和节奏

通常材料纹理细腻、色彩丰富、铺砌方式灵活多变的铺装形式提示游客从较慢的速度行走，如图3-55所示，城市公园中的园路采用多种类型的材质铺装而成；相反铺装材料质地光滑、纹理简练时则提示游客可以以较快的速度行走，如图3-56所示，在广场区域人们的行走速度相对较快。

图3-55　公园游步道铺装 　　　　　　　　图3-56　公园广场铺装

4. 分隔、组织空间

铺装能起到分隔空间的作用。铺地材料在质感、色彩或铺砌方式上的转变，往往暗示着空间的转换。利用这样的方式，可以区分各功能区域，并丰富硬质场地的层次。如图3-57所示，在城市公园的广场中，将行走区域和树池、座椅休息区域设计为不同类型的铺装形式，暗示了空间功能的不同。图3-58所示的城市公园的入口广场与城市道路连通，人行道和广场虽处于同一平面，却使用不同的铺贴方式，暗示了空间属性的不同。

图3-57　公园中的休闲广场铺装 　　　　　　图3-58　公园入口广场

5. 影响空间尺度感

每一块辅料的大小，以及铺贴形式和间距都会影响铺面的视觉比例。形体较大、较舒展的形状会使空间有更大的尺度感；而形体较小、紧凑的形状则使空间给人带来更加亲密的感受。如图3-59所示，水边广场区域的铺装和桥的铺装尺度不同，使游客由广场走上小桥时，产生由开敞到亲密的心理感受。在原铺装材料中加入第二种材料，可以明显地感受到副空间的存在（见图3-60）。

图3-59　不同尺度的铺装拼接　　　　　图3-60　公园中配套建筑入口铺装

6. 体现设计主题

在中式园林中常用灰白色作为主要铺装颜色，并以一些具有中国传统文化特色的图案进行装饰，如白鹤（见图 3-61）、莲花、蝙蝠、竹子等；而欧式园林中常以黄锈石、黄金麻等作为主要铺装材料（见图 3-62）。

图3-61　苏州园林中的白鹤图案铺装　　　　　图3-62　欧式园林铺装

作业与思考：

1. 常见的园林铺装材料有哪些？它们分别适合运用在城市公园的哪些区域？
2. 在城市公园中，铺装主要满足了哪些功能？

3.4　水体

在城市公园设计中，水往往是重要的元素之一。中国古典园林中有"无水不成园"的说法，如颐和园、承德避暑山庄以及苏州园林中的拙政园、留园等

水体的设计原则

都设有水景。在西方，从文艺复兴时期开始，以喷泉为主的水景就在欧洲园林中盛行。法国的凡尔赛宫、意大利的法尔奈斯庄园等，均将不同类型的水体贯穿到各个景点当中。这些都说明水在园林设计中的重要地位，在现代园林景观中，水体仍然是重要的景观内容。

3.4.1 水体的分类及设计

根据水的流速，可以将水体分为静态水体和动态水体。

1. 静态水体

静态水体是指水面平静、无流动感或运动变化比较平缓的水体，主要有人工或自然的湖泊、水库、水田、池塘、水池等。静态水体按其轮廓可分为自然形和规则形两种形式。

1）水池

水池的形态一般根据空间的位置和大小来决定，常见的有方形、圆形、矩形、半圆形、花瓣形、椭圆形等，通常采用垂直的水岸形式。图3-63所示为无边际水池，池中水平如镜，映照着周围的景物，形成了优美的画面。

2）自然式水塘

自然式水塘与规则式的水池相比在设计上更加自然。水塘可以是人造的，也可以是自然形成的。自然式水塘的外轮廓通常由无规律的曲线组成，驳岸常以假山石进行布置，池底尽可能以素土为主，且与地下水连通，这样可以大大减少维护成本，同时符合生态可持续的设计要求。如图3-64所示，网师园中的水塘在园林布局中起到了非常重要的作用。

图3-63　无边际水池　　　　　　　　　　图3-64　网师园

3）湖泊

许多城市公园都是临湖而建的，比如杭州西湖、北海公园等。湖泊也属于静态水体，通常这类水体的水域面积和蓄水量较大，对环境的生态系统有着直接的作用。湖泊同水池和水塘一样也可以获取倒影、扩展空间。在设计大面积的水体时切忌空而无物，一般通过桥、廊、岛等来分隔大水面，或者通过种植水生植物如睡莲、荷花、芦苇来丰富景观内容。例如，杭州西湖中的白沙堤就将西湖隔开，形成了两岸不同的景色（见图3-65）。

2. 动态水体

1）溪、涧及河流

在自然界中，水自源头而下，到平地时，流淌向前，形成溪、涧及河流。流水的行为特征一般取决于水的流量、河床的大小与坡度，以及河底和驳岸的性质。一般来说，溪浅而阔，涧狭而深，流水汩汩而前。在城市公园中，流水有人工的也有天然形成的。西安唐大慈恩寺遗址公园中的溪流，以人工的方式再现了自然界林间小溪的美景（见图3-66）。图3-67所示的南滨公园就是依长江而建的，全长6.8 km，公园以绿色为生命、以文化为灵魂、以灯饰为特色，是具有鲜明历史文化、巴渝文化特色的新型滨江公园。

图3-65　杭州西湖的白沙堤

图3-66　西安唐大慈恩寺遗址公园中的溪水

2）瀑布

瀑布是流水从高处飞落而下形成的自然景观，其景观效果比河流更加丰富。瀑布可以分为三类：自由落瀑布、跌落瀑布、滑落瀑布。瀑布既有人工的也有天然形成的。

自由落瀑布的特点是从一个高度自由掉落在低处，如果掉落的面是岩石或者混凝土，通常会有比较大的落水声，如果掉落在水里则声音比较小。西安唐大慈恩寺遗址公园中的瀑布设置在道路和公园之间，既起到了美化环境的作用，同时又隔绝了车流的噪声（见图3-68）。图3-69所示为重庆璧山枫香湖儿童公园中的跌落型瀑布，壮观的景象使其成为园区的视觉焦点。图3-70所示为意大利台地园中常见的链式瀑布，属于滑落型的瀑布形式。

图3-67　南滨公园

图3-68　西安唐大慈恩寺遗址公园入口的瀑布

图3-69 重庆璧山枫香湖儿童公园中的瀑布   图3-70 意大利台地园中的链式瀑布

3）喷泉

喷泉是在一定外力作用下形成的涌动或喷射，具有特定的形状。喷泉按照景观效果及构造形式可以分为水喷泉（见图3-71）、旱喷泉（见图3-72）和雾喷泉（见图3-73）。

图3-71 水喷泉   图3-72 大雁塔北广场的旱喷泉

图3-73 哈佛大学中以雾喷泉形式设计的唐纳喷泉

3.4.2　水体的功能和作用

1. 统一作用

水体作为景观基底，可统一分散的景点，与周围环境形成良好的图底关系，使景观结构更加紧凑。图 3-74 所示为苏州拙政园和杭州西湖的图底关系，从图中可以看出水体起到了统一景点的作用。

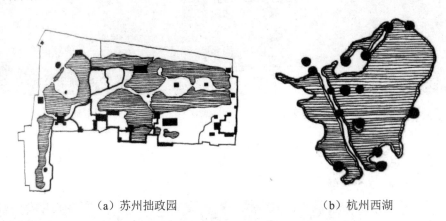

（a）苏州拙政园　　　　　　　　　　　（b）杭州西湖

图3-74　苏州拙政园和杭州西湖的图底关系

2. 美化空间环境

水体景观，如喷泉、水池、瀑布等，可以划分和组合空间，增强景观效果，丰富城市公园的空间氛围。水景作为一种空间艺术，起到了美化环境的作用。水体既可以作为空间中的视觉背景，也可以形成空间中的视觉焦点（见图 3-69）。

3. 环境作用

水体的环境作用主要体现在五个方面：①蓄洪排涝；②调节小气候；③降低噪声；④吸收灰尘；⑤供给灌溉。

1）蓄洪排涝

天然的湿地、湖泊大部分处于低洼地区，且与周边的河、湖相连通，在多雨季节可以蓄洪排涝，在降水少的季节可以向周边河流提供水源。

2）调节小气候

水可以用来调节室外环境和地面的温度，在夏季，水面吹来的风十分凉爽（见图 3-75）；而在冬季，水面的热风能保持附近地区的温度。西班牙摩尔人在阿尔罕布拉宫所建造的花园（见图 3-76），就是利用这个原理来调节室内外的空气温度。

3）降低噪声

水体能够起到减弱室外噪声的作用，在城市公园和道路相连通的区域常用水体来隔开。如在前文中提到的西安唐大慈恩寺遗址公园入口处的水景墙（见图 3-68），就有效地降低了来自城市道路的车辆噪声。

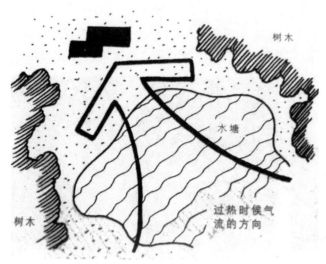
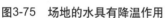

图3-75　场地的水具有降温作用

图3-76　西班牙阿尔罕布拉宫

4）吸收灰尘

水的张力可以将灰尘吸附，因此城市公园中的水体可以有效地减少空气中的灰尘，达到净化周围空气的作用。

5）供给灌溉

水的实用功能是给周围的稻田、花园草地、公园绿地提供灌溉水源。在城市公园中，大部分的灌溉系统均依赖于周围的自然水体水源，这样可以在很大程度上减少公园绿地的维护成本。

4. 提供娱乐休闲场地

在城市环境中，水景可以为城市增添活力，促使人们多进行户外活动。在城市公园中，水体能作为游泳、钓鱼、划船、赛艇、划水和溜冰的场地。例如，北海公园的游船深受游客的喜爱（见图3-77），而冬季时这片水域又成为了市民溜冰的场地（见图3-78）。在开发水体作为娱乐场所时，要注意不要破坏景观和水体。

图3-77　北海公园的游船

图3-78　北海公园的溜冰场

5. 为水生动植物提供适宜的生存环境

营造水生生物适宜的生存环境，是建设生态景观的重要内容。例如，杭州西湖中的荷花（见图 3-79）和野鸭（见图 3-80）不仅美化了环境，同时也保证了水生动植物的生存空间。

图3-79　杭州西湖中的荷花　　　　　　图3-80　杭州西湖中的野鸭

3.4.3　水体的设计原则

1. 功能性原则

在水景设计中首先要分析水体在景观中的主要功能，以观赏为主的水景着重考虑水景的视觉形态，通过不同的水景构筑方法营造出各具特色的水景造型。以实用为主的水景，应注重水体的自然形态与环境相协调，充分利用其自然资源为水生动植物提供生存环境。

2. 空间美学原则

水体作为景观设计中的视觉元素之一，在营造过程中应遵循一定的艺术手法，符合一定的艺术美感，创造出使人赏心悦目的水体造型。在设计中主要应处理好以下几个方面。

1）水体的布局

为了方便游客的观赏，水体景观应置于视觉范围内的焦点处，如轴线的交点、空间的节点等处。例如，凡尔赛宫的水景喷泉设置在主要游览路线的视觉焦点位置（见图 3-81）。

2）水体的空间形态

城市公园水体的设计应以空间节点和环境要素之间的关系为出发点，对于比较狭长的空间，宜做线性处理；对于比较宽阔的空间，可做面域处理，如河流、湖泊等形式；对于高尺度的空间，可做垂落处理，如瀑布、跌水等。

3）水体与公园的风格统一

在人工造景的过程中，要注意驳岸、池底、轮廓线的设计。对于水体空间美感的考虑，还应注意水体的造型同周围的整体环境相协调，保持风格的统一。

4）巧用水声

在水景设计中，若能将声音融合到空间营造中，则会大大增强整个空间的感官体验，丰富景观的趣味性。例如，在西安大唐芙蓉园中，跌水溪流一直伴于园路一侧，使游客游园时还能听见潺潺的流水声，令人心旷神怡（见图 3-82）。

图3-81　凡尔赛宫的水景喷泉

图3-82　西安大唐芙蓉园中的跌水溪流

3. 亲水性原则

人类对水有着天然的喜好和亲近感。无论是儿童还是成人，都希望自己的亲水天性能够在环境中得到满足。在城市公园中常见的亲水方式有戏水旱喷泉（见图3-83）、儿童戏水池、涉水小溪（见图3-84）、亲水平台等。在设计中应注意游客的安全，人造的水池不宜过深，水位较深的地方应设置防护措施。

图3-83　成都麓湖云朵乐园中的戏水旱喷泉

图3-84　成都麓湖云朵乐园中的涉水小溪

4. 生态性原则

水是重要的自然资源，在整个环境中举足轻重。水景设计首先要考虑其生态意义。在环境中引入水体或者利用自然水体，可以产生或改善适合植物生长的自然环境，构成多样化的格局。在设计中，应尽量保留水体周围的水生植物，人工池塘也尽量做到与周边水系连通，做到循环流动，增强其自净化能力。

作业及思考：

1. 城市公园中常见的水体类型有哪些？
2. 城市公园中的水体设计应当遵循哪些原则？

3.5 植物

在景观营造的过程中，植物是极其重要的元素，优秀的景观设计离不开植物的配合。在许多设计中，景观园林设计师主要是通过地形、植物、建筑来组织空间和解决问题的。植物除了能做设计的构成因素外，还能使环境充满生机和美感。

3.5.1 植物的功能及应用

植物的功能及应用

1. 美学功能

1）形态及色彩

根据不同植物的生长特性，植物会呈现不同的形态（见图 3-85），常见的树形有圆柱形、尖塔形、圆锥形、圆球形、半球形、倒卵形、匍匐形等，特殊的有曲枝形、龙枝形、芭蕉形等。在设计中根据植物的形态特征，将植物配置在场地的合适区域，能达到一定的视觉美感。

塔柏（圆柱形）

雪松（尖塔形）

龙爪槐（龙枝形）

馒头柳（馒头形）

银杏（钟形）

垂柳（垂枝形）

图3-85 不同乔木的形态

自然界中的植物叶子大都是绿色的，但是植物叶子的绿色具有不同的色调、阴影和色偏，色度和色调的差异随季节的变化而变化。同时，花卉的颜色五彩斑斓，以绿色作为背景会给人带来强烈的视觉冲击。园林植物的颜色通常以对比色、相邻的互补色来表现。具有对比色的风景可以产生对比鲜明的艺术效果，给人以强烈、醒目的美感；而相邻的互补色则更加柔和，给人以优雅与和谐的感觉。图 3-86、图 3-87 展示了植物本身的色彩和因季节变化带来的色彩变化之美。

图3-86　道路绿化中的色彩美　　　　　　　　　　图3-87　秋季银杏的色彩之美

2）柔化和衬托

在景观中使用过多的硬质材料会让人感到疲惫、枯燥，植物作为软景材料具有很好的调节作用。另外，植物经常和其他景观元素进行配景，用以提升整体空间的美感。

3）统一与遮挡

植物具有连接和统一其他景观元素的作用。如图 3-88 所示，道路一侧的房屋具有不同的形态与高度，通过种植相同大小的行道树，将整体的画面进行了统一。

图3-88　植物的统一作用

2. 空间营造功能

植物的空间构成其实与建筑类似，冠大荫浓的乔木与建筑空间中的天花板作用相同，它们是空间的覆盖面；乔木和高灌木与建筑空间中的墙体类似，对应的是空间的垂直面；草坪和地被植物与建筑空间中的地面作用相同，对应的是空间的基面。影响空间感受的因素有植物的色彩、叶幕的质感、植物的花果叶季相变化、植物的气味、植物的形态等。通过植物的配置可以将室外空间划分成开敞空间、半开敞空间、覆盖空间、封闭空间、垂直空间等，图 3-89 中所显示的是部分空间类型。

1）开敞空间

开敞空间仅用低矮的灌木及地被植物作为空间的限制因素。开敞空间的私密性较弱，具有强烈的外向性，不会遮挡人们的视线，但可以限制人们的活动路线（见图 3-90）。

2）半开敞空间

半开敞空间与开敞空间相比，增加了空间的内向性，在开敞空间的一侧运用高灌木、乔木等形成较为坚实的垂直面，它的空间单面封闭，视线朝着开敞的一侧展开（见图 3-91）。

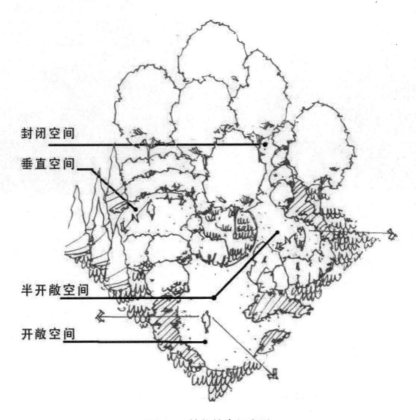

图3-89 植物的空间类型

图3-90 开敞空间

图3-91 半开敞空间

3）覆盖空间

覆盖空间是指通过一个顶面来限定它本身至基面的空间范围，通常用冠大荫浓的乔木来构成顶面，四周开敞，如庭院中的孤植树、树林下的空间均属于覆盖空间（见图 3-92）。

图3-92 覆盖空间

4）封闭空间

封闭空间是在覆盖空间的基础上增加垂直面的植物，通常用灌木将四周进行遮蔽，这类空间无方向性，具有极强的隐蔽性和隔离感。

5）垂直空间

垂直空间有隔离感和趋向性，在空间范围中没有顶面，只有垂直面和基面。通常运用高而细的植物来构成一个方向垂直、朝天开敞的室外空间（见图3-93）。

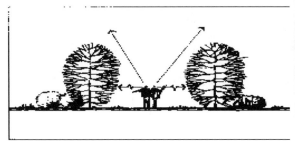

图3-93 用高篱营造出的垂直空间

3. 生态环保功能

植物的生态环保功能主要有：吸收有害气体、调节碳氧平衡、调节温湿度、改善环境小气候、降噪、防风与通风、提供生物生存环境。

3.5.2 植物的分类

凡适合各种风景名胜区、休闲疗养胜地和城乡各种类型的园地或绿地应用的植物统称为园林植物，我国高等植物有 2.5 万余种，许多种类都可以作为园林观赏植物。园林观赏植物常用的分类方法有两种，即按植物学特性分类和按观赏特性分类。按植物学特性，园林观赏植物可以分为乔木、灌木、藤本、竹类、花卉、草坪和地被等；按观赏特性可分为观叶、观花、观果、观形、观枝干等。本书主要介绍按植物学特性分类的相关内容。

1. 乔木

乔木是指体形高大、树冠浓密、主干明显的木本植物，一般具有分支点高、寿命长的特点。乔木依其高度可分为伟乔（31 m 以上），如香樟；大乔（21 ～ 30 m），如毛白杨、悬铃木、银杏等；中乔（11 ～ 20 m），如圆柏、樱花等；小乔（6 ～ 10 m），如紫叶李、梅花、碧桃等，一共有四级。根据一年四季叶片脱落的情况，乔木可分为常绿乔木和落叶乔木；根据叶片形状又可分为阔叶乔木和针叶乔木。

2. 灌木

灌木是指那些没有明显的主干、呈丛生状态的、比较矮小的树木。灌木按其生长高度可以分为小、中、大三类。其中小灌木高不足 1 m，如金丝桃、紫叶小檗等；中灌木高 1.5 m 左右，如南天竹、小叶女贞、麻叶绣球、贴梗海棠等；大灌木高 2 m 以上，如蚊母树、珊瑚树、榆叶梅等。根据一年四季叶片脱落的情况，灌木可分为常绿灌木和落叶灌木；根据叶片形状又可分为阔叶灌木和针叶灌木。

虽然自然界中的乔木和灌木种类很多，但园林中经常使用的植物不过数百种，表3-3列出了城市公园中常用的园林绿化乔木和灌木。

表3-3　城市公园中常用的园林绿化乔木和灌木

种类	乔　木	灌　木
常绿针叶	雪松、红松、黑松、龙柏、马尾松、桧柏、苏铁、南洋杉、柳杉、香榧等	罗汉松、千头柏、翠柏、匍地柏、日本柳杉、五针松等
常绿阔叶	香樟、广玉兰、女贞、小叶榕、棕榈、白兰等	珊瑚树、大叶黄杨、瓜子黄杨、雀舌黄杨、枸骨、橘树、石楠、海桐、桂花、夹竹桃、黄馨、迎春、撒金珊瑚、南天竹、六月雪、小叶女贞、八角金盘、栀子、蚊母、山茶、金丝桃、杜鹃、丝兰（波罗花、剑麻）、苏铁（铁树）、十大功劳等
落叶针叶	水杉、金钱松、落羽杉、池杉等	无
落叶阔叶	垂柳、直柳、枫杨、龙爪柳、乌桕、槐树、青桐（中国梧桐）、悬铃木（法国梧桐）、槐树（国槐）、盘槐、合欢、银杏、楝树（苦楝）、梓树、樱花、白玉兰、碧桃等	蜡梅、紫薇、紫荆、戚树、青枫、红叶李、贴梗海棠、钟吊海棠、八仙花、麻叶绣球、金钟花（黄金条）、木芙蓉、木桦（槿树）、山麻秆、石榴等

3. 藤本植物

藤本植物又名攀缘植物，是指茎部细长，不能直立，只能依附在其他物体（如树、墙等）或匍匐于地面上生长的一类植物，如葡萄、爬山虎等。藤本植物依茎质地的不同可分为木质藤本（如葡萄、紫藤等）和草质藤本（如牵牛花、长豇豆等）。

4. 草坪草和地被

草坪草是草坪的基本构成单位，一般具有密生的特性，通常需配合修剪以保持表面平整。草坪草根据生长气候可分为暖季型草坪草和冷季型草坪草。

暖季型草坪草的最适宜生长温度为25～35℃，此类草种大多起源于热带及亚热带地区，广泛分布于温暖湿润、温暖半湿润和温暖半干旱地区，在我国的中部温带地区亦有分布，常见的种类有野牛草属、结缕草属、狗牙根属、弯叶画眉草、百喜草等。冷季型草坪草的最适宜生长温度为15～25℃，此类草种大多原产于北欧和亚洲的森林边缘地区，广泛分布于凉爽温润、凉爽半温润、凉爽半干旱及过渡带地区。其生长主要受高温以及干旱环境的制约。就我国的气候条件而言，冷季型草坪草主要分布在我国的东北、西北、华北以及华东、华中等长江以北的广大地区及长江以南的部分高海拔冷凉地区，常见的种类有羊茅草、高羊茅草、黑麦草、剪股颖等。

所谓地被植物，是指某些有一定观赏价值，铺设于大面积裸露平地或坡地，或适于阴湿林下和林间隙地等各种环境的覆盖地面的多年生草本和低矮丛生、枝叶密集或偃伏性或半蔓性的灌木以及藤本，如麦冬、紫叶鸭跖草、酢浆草、花叶冷水花和鸢尾等。

5. 花卉

花卉是指姿态优美、花色艳丽、具有观赏价值的草本或木本植物，但通常多指草本植物。按照生命周期，花卉可以分为一年生花卉、二年生花卉；按照形态特征，可以分为宿根花卉、球根花卉和水生花卉，有常绿的也有冬枯的。

在一个生长周期内完成其生活史的为一年生花卉。一年生花卉多数喜阳光和排水良好而肥沃的土壤。典型的一年生花卉如鸡冠花、百日草、半支莲、凤仙花、千日红、山字草、翠菊和牵牛花等。

二年生花卉是指在两个生长周期内或两个生长季节才能完成的花卉，即播种后第一年仅形成营养器官，次年开花结果，而后死亡，如紫罗兰、桂竹香、绿绒蒿等。

宿根花卉是指植株地下部分可以宿存于土壤中越冬，第二年春天地上部分又可萌发生长、开花结籽的花卉。宿根花卉大多生长在寒冷地区，分较耐寒和较不耐寒两大类。前者可露地种植；后者需温室栽培，如玉簪、宿根福禄考等。

球根花卉是指根部呈球状，或者具有膨大地下茎的多年生草本花卉。球根花卉从播种到开花，常需数年，在此期间，球根逐年长大，只进行营养生长，如风信子、马蹄莲、郁金香等。

水生花卉泛指生长于水中或沼泽地的观赏植物。与其他花卉明显不同的，水生花卉是对水分的要求和依赖远远大于其他各类，因此也构成了其独特的习性，如千屈菜、黄花鸢尾、荷花、睡莲等。

6. 竹类

竹类植物属禾本科竹亚科。竹亚科是一种再生性很强的植物，是重要的造园材料，是中国园林的重要构成元素。

丛生型：就是母竹基部的芽繁殖新竹，民间称"竹兜生笋子"。如慈竹、硬头簧、麻竹、单竹等。

散生型：就是由鞭根（俗称马鞭子）上的芽繁殖新竹。如毛竹、斑竹、水竹、紫竹等。

混生型：就是既能由母竹基部的芽繁殖新竹，又能由鞭根上的芽繁殖新竹。如苦竹、棕竹、箭竹、方竹等。

3.5.3 植物的配置方式

1. 规则式配植

在规则式配植中，植物的种植是有规律的，体现了更多的人工美，乔木和灌木通常是要长期修剪的。图3-94所示为一些常见的规则式种植形式。

1）中心植

中心植是指在广场、花坛等中心地点，种植树形整齐、轮廓严正、生长缓慢、四季常青的园林树木（见图3-95）。中心植之树种，在北方，可用桧柏、云杉等；在南方，可用雪松、修剪整形的大叶黄杨、苏铁等。

2）对植

对植是指在建筑或广场入口，左右各种一株，使之对称呼应。对植之树种，要求外形整齐美观，两株大体一致，通常多用常绿树，如桧柏、龙柏、云杉、海桐、桂花、柳杉、罗汉松、广玉兰等。图3-96所示为庭院入口用两株芭蕉以对植的方式种植，起到了强调作用。

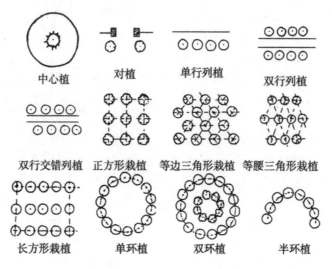

图3-94 常见的规则式种植形式

图3-95 中心植

图3-96 对植

3）列植

列植是指将树栽得成排成行，并保持一定的株距。通常为单行或双行，多用1～2种树木组成，也有间植搭配的。在必要时亦可植多行，且用数种树木按一定方式排列。列植多用于行道树、绿篱、林带及水边等。

4）环形或多角形

将树按一定的株距进行排列组成环形、半环形、弧形、多角形等几何图形。

5）三角形或方形

将树环一定的株距进行排列组成三角形、正方形、长方形，多用于果园，园林中很少使用。

2. 自然式配植

自然式配植有孤植、丛植、群植等，不论组成树木的株数和种类有多少，均要求搭配自然，宛若天生。

1）孤植

孤植树通常会作为局部空间的主景，因此在树种的选择上要求形态与色彩俱佳。同时，它的立地环境必须有较为开阔的空间——足够的自由生长空间、适宜的观赏视距与观赏空间（树高的 4 ～ 10 倍）。在设计上避免使树木处于绿地空间的正中位置，尽量利用现状大树，若现状不具备，也要尽量就近获取（见图3-97）。

2）丛植

丛植是指将一株以上至十余株的树木，按一定的构图形式组合成一个整体结构，主要体现植物的群体美。在丛植设计中，孤植树是基本，两株丛植也是基本，三株丛植是由二株、一株组成，四株丛植又由三株、一株组成，五株丛植则由一株、四株或三株、两株组成。芥子园画谱曰："五株既熟，则千株万株可以类推，交搭巧妙，在此转关。"因此，掌握好五株丛植法就基本掌握了丛植的种植技巧了。

两株丛植：既协调又对比，既统一又变化，一般采用同种树木，或者形态、生态习性相似的不同树木，形态大小不应雷同，俯仰、曲直、高矮、大小等方面有一定的区别（见图3-98）。

| 图3-97 孤植树 | 图3-98 两株丛植 |

三株丛植：通常选用两种不同的树种，最好同为常绿树或者落叶树，同为乔木或者灌木。平面呈不等边三角形，常以"2+1"式分组设置。同种树木最大和最小的一组，中等大小的树木稍离远一些成为另一组，整体造型呈不对称均衡（见图3-99）。两种树木三株丛植，同种的两株树分居两组，且单独一组的树木体量不是最大（见图3-100）。

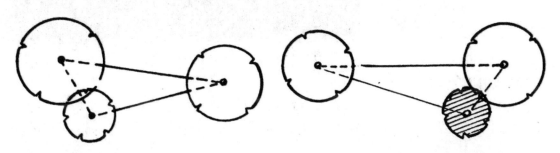

图3-99 同种树的三株丛植　　　　图3-100 两种树木的三株丛植

四株丛植：四株用一个树种或两种不同的树种，但必须同为乔木或灌木。当树种完全相同时，在体量、大小、距离、高矮上应力求不同，植栽点的标高也可以变化。在平面布置上呈不等边四边形或不等边三角形，其中不能有任何三株成一直线排列（见图3-101）。

五株丛植：五株丛植应该采用 3 : 2 的组合方式，即三株一小组，两株一小组，其中，最大的主体树应位于三株一组中。另一种组合方式是 4 : 1，其中单株树种最好采用中等大小的树种，两组的距离不宜过远。注意，在树种的选择上可选择 1 ～ 3 种，平面上应呈不等边三角形、四边形或五边形（见图 3-102）。

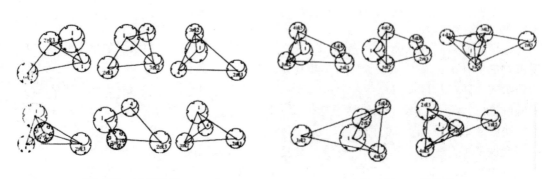

图3-101 四株丛植   图3-102 五株丛植

3）群植

群植又叫作树群，20 ～ 30 株或更多的乔木或灌木混合栽植，便形成树群，但每株树在群体外观上都要起一定的作用，即在视觉上可见，故树群有一定的规模上限。群植的树种不宜过多，以免杂乱。树群在平面空间上表现为林缘线（见图 3-103），在立面空间上表现为林冠线（见图 3-104）。

图3-103 林缘线

图3-104 林冠线

4）林植

成片、成块地大量栽植乔木、灌木，便形成林植，构成林地或森林景观的成为风景林或树林。林植多用于风景区、森林公园、疗养院、大型公园安静区、卫生防护林等，有自然式带、密林、疏林等形式。

3.5.4 城市公园植物设计的相关规范

城市公园的种植规划设计应考虑游憩场地的使用性质和游憩活动的特点。根据《公园设计规范》（GB 51192—2016），公园的绿化用地是指公园内用以栽植乔木、灌木、地被植物的用地。

1. 植物总体设计布局

（1）全园的植物组群类型及分布，应根据当地的气候状况确定。园外的环境特征、园内的立地条件，结合景观构想、功能要求和当地居民的游赏习惯等确定。

（2）植物组群应丰富类型，增加植物多样性，并具备生态稳定性。

（3）公园内连续植被面积大于 100 hm² 时，应进行防火安全设计。

2. 植物配置的一般规定

（1）植物配置应以总体设计确定的植物组群类型及效果要求为依据。

（2）植物配置应采取乔木、灌木、草结合的方式，并避免生态习性相克的植物搭配。

（3）植物配置应注重植物景观和空间的塑造，并符合下列规定。

① 植物组群的营造宜采用常绿树种与落叶树种搭配，速生树种与慢生树种相结合，以发挥良好的生态效益，形成优美的景观效果。

② 孤植树、树丛或树群至少应有一处欣赏点，视距宜为观赏面宽度的 15 倍或高度的 2 倍。

③ 树林林缘线的观赏视距宜为林高的 2 倍以上。

④ 树林林缘与草地的交接地段，宜配植孤植树、树丛等。

⑤ 确定草坪的面积及轮廓形状时，应考虑观赏角度和视距要求。

（4）植物配置应考虑管理及使用功能的需求，并符合下列要求。

① 应合理预留养护通道。

② 公园游憩绿地宜设计为疏林或疏林草地。

（5）植物配置应确定合理的种植密度，为植物生长预留空间。种植密度应符合下列规定。

① 树林郁闭度应符合表 3-4 的规定。

② 观赏树丛、树群近期郁闭度应大于 0.50。

表3-4　树林郁闭度

类　　型	种植当年标准	成年期标准
密林	0.30～0.70	0.70～1.00
疏林	0.10～0.40	0.40～0.60
疏林草地	0.07～0.20	0.10～0.30

（6）植物与架空电力线路导线之间的最小垂直距离（考虑树木自然生长高度）应符合表 3-5 的规定。

表3-5　植物与架空电力线路导线之间的最小垂直距离

线路电压 / kV	小于1	1～10	35～110	220	330	500	750	1000
最小垂直距离 / m	1.0	1.5	3.0	3.5	4.5	7.0	8.5	16.0

（7）植物与地下管线之间的安全距离应符合下列规定。

① 植物与地下管线的最小水平距离应符合表 3-6 的规定。

表3-6 植物与地下管线的最小水平距离

单位：m

名 称	新植乔木	现状乔木	灌木或绿篱
电力电缆	1.5	3.5	0.5
通信电缆	1.5	3.5	0.5
给水管	1.5	2.0	—
排水管	1.5	3.0	—
排水盲沟	1.0	3.0	—
消防龙头	1.2	2.0	1.2
燃气管道（低中压）	1.2	3.0	1.0
热力管	2.0	5.0	2.0

注：乔木与地下管线的距离是指乔木树干基部的外缘与管线外缘的净距离。灌木或绿篱与地下管线的距离是指地表处分蘖枝干中最外面的枝干基部外缘与管线外缘的净距离。

② 植物与地下管线的最小垂直距离应符合表 3-7 的规定。

表3-7 植物与地下管线的最小垂直距离

单位：m

名 称	新植乔木	现状乔木	灌木或绿篱
各类市政管线	1.5	3.0	1.5

（8）植物与建筑物、构筑物外缘的最小水平距离应符合表 3-8 的规定。

表3-8 植物与建筑物、构筑物外缘的最小水平距离

单位：m

名 称	新植乔木	现状乔木	灌木或绿篱
测量水准点	2.00	2.00	1.00
地上杆柱	2.00	2.00	—
挡土墙	1.00	3.00	0.50
楼房	5.00	5.00	1.50
平房	2.00	5.00	—
围墙（高度小于2 m）	1.00	2.00	0.75
排水明沟	1.00	1.00	0.50

注：乔木与建筑物、构筑物的距离是指乔木树干基部外缘与建筑物、构筑物的净距离。灌木或绿篱与建筑物、构筑物的距离是指地表处分蘖枝干中最外面的枝干基部外缘与建筑物、构筑物的净距离。

（9）对具有地下横走茎的植物应设隔挡设施。

（10）种植土的厚度应符合《中华人民共和国城镇建设行业标准绿化种植土壤》（CJ/T 340—2016）的规定。

（11）种植土的理化性质应符合《中华人民共和国城镇建设行业标准绿化种植土壤》（CJ/T 340—2016）的规定。

3. 游客集中场地的植物配置

（1）游憩场地宜选用冠形优美、形体高大的乔木进行遮阴。

（2）游客通行及活动范围内的树木，其枝下净空应大于 2.2 m。

（3）儿童活动场地内宜种植萌发力强、直立生长的中高型灌木或乔木，并宜采用通透式种植，便于成人对儿童进行看护。

（4）露天演出场地观众席范围内不应种植遮挡视线的植物。

（5）临水平台等游客活动相对集中的区域，宜保持视线开阔。

（6）园路两侧的种植应符合下列规定。

① 乔木种植点距路缘应大于 0.75 m。

② 植物不应遮挡路旁标识。

③ 通行机动车辆的园路，两侧的植物应符合下列规定：车辆通行范围内不应有高度低于 4.0 m 的枝条；车道的弯道内侧及交叉口视距三角形范围内，不应种植高于车道中线处路面标高 12 m 的植物，弯道外侧宜加密种植以引导视线；交叉路口处应保证行车视线通透，并对视线起引导作用。

（7）停车场的种植应符合下列规定。

① 树木间距应满足车位、通道、转弯、回车半径的要求。

② 庇荫乔木枝下净空应符合下列规定：大、中型客车停车场庇荫乔木枝下净空大于 4.0 m。小汽车停车场庇荫乔木枝下净空大于 2.5 m；自行车停车场庇荫乔木枝下净空大于 2.2 m。

③ 场内种植池的宽度应大于 15 m。

4. 滨水植物区植物配置

（1）滨水植物种植区应避开进、出水口。

（2）应根据水生植物的生长特性对水下种植槽与常水位的距离提出具体要求。

作业及思考：

1. 植物的配置方式有哪些？
2. 调研某公园入口区域的植物，并制作一份植物分析报告。

3.6 园林构筑物及小品

在公园设计中，若仅使用地形、植物、道路以及各种铺装等要素，并不能完全满足景观设计所需要的全部视觉和功能要求。作为一名合格的景观设计师，还需要了解其他有形的设计要素，如园林构筑物和景观小品等。

3.6.1 园林构筑物

园林构筑物在外部环境中一般具有坚硬性、稳定性以及相对长久性。园林构筑物主要包括踏跺（台阶）、坡道、墙、栅栏、小型建筑物以及公共休息设施。

1. 台阶和坡道

台阶和坡道通常用在有高度变化的区域，让人们以较为安全的方式从一个高度提高到另一个高度。与坡道相比，台阶的平衡感更强，并且完成相同的垂直高度，台阶用的水平距离比坡道要短得多。台阶可以使用不同的材料来建造，如石材、砖块、混凝土、木材都是建造台阶的理想材料。但是，台阶最大的缺点就是无法满足童车、轮椅以及残疾人等的通行，因此，在设计中要考虑无障碍通道的设计，而无障碍通道除了电梯外，通常都依赖坡道来完成。

在设计台阶上升面和踏面的大小比例时，要注意室外的台阶踏面宽度比室内的要宽，这是因为：① 室外的空间较大，容易使物体看起来小；② 室外的天气变化比较多，如雨雪天气，较平整宽阔的台阶，更容易被察觉，保证了一定的安全性。上升面的高度应为 10 ～ 16.5 cm，太矮不容易感知，太高走起来会觉得吃力，踏面的最小宽度是 28 cm（见图 3-105）。

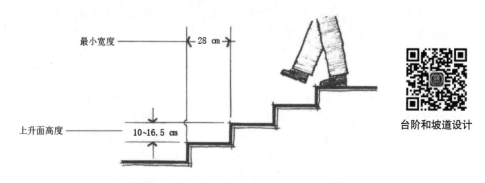

台阶和坡道设计

图3-105　台阶的尺度标准

为了确保台阶的安全性，垂带墙和栏杆扶手是必不可少的。常见的垂带墙建造方式有如图 3-106 所示的两种。扶手栏杆的相关尺寸如图 3-107 所示。

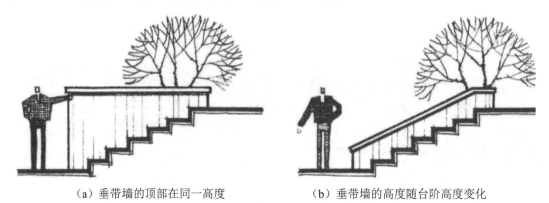

（a）垂带墙的顶部在同一高度　　　　　　　　（b）垂带墙的高度随台阶高度变化

图3-106　垂带墙建造的两种方法

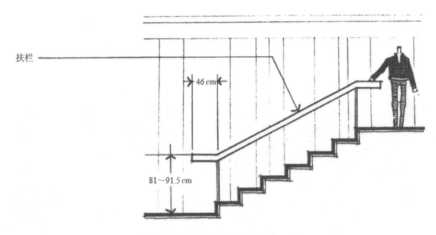

扶栏

46 cm

81~91.5 cm

图3-107　扶手栏杆的相关尺寸

台阶在园林景观中还具备一些美学功能。

（1）台阶可以在道路的尽头充当视线的焦点。图 3-108 所示的埃斯特庄园的台阶坡道是整个小花园的视觉焦点。

（2）在外部空间中构成醒目的地平线，建立起重复或者有一定变化规律的稳定的线条，形成视觉美感。图 3-109 所示为美国著名的风景园林师劳伦斯·哈普林（Lawrence Halprin）设计的爱悦广场，在这样的广场台阶中行走是一种美的享受。

图3-108　埃斯特庄园

图3-109　爱悦广场

（3）台阶在景观中还有一个功能，就是作为休息空间和看台。如图 3-110 所示的半环状台阶，不仅解决了场地的高差问题，而且起到了户外看台的作用。

坡道的设计要注意其倾斜度最大比例不能超过 8.33% 或 12∶1，因此，建造坡道通常需要较为宽广的区域。在设计中如何巧用坡道和台阶成为景观设计师的一个设计难点。在温哥华罗布森广场，将台阶和坡道结合，不仅解决了实际问题，同时 Z 字形的布局具有很强的视觉美感（见图 3-111）。

2. 墙体

墙体在城市公园中有围墙、景墙、挡土墙三类。

围墙的主要作用是防护和分隔空间，阻隔车辆和行人，减少外部干扰。围墙的设计要考虑其实用性和美观性。在苏州园林中，围墙常用漏窗的形式，使园内、园外的空间形成一定的渗透关系（见图3-112）。

景墙的方式比较灵活多样，在不同的场地和风格中起到提高装饰性和感染力的作用。在入口处，常用景墙做障景的处理，丰富景观序列的变化。景墙也经常与植物和水体相结合，以增强其装饰性和美观性（见图3-113）。

图3-110 半环状的台阶看台

图3-111 温哥华罗布森广场

图3-112 沧浪亭围墙漏窗

图3-113 华中小龟山文化金融公园的景墙

挡土墙的主要功能是在较高地面和较低地面之间起到阻挡泥土的作用，挡土墙的高度一般为40～122 cm，如果超过122 cm则需要与土木工程师共同商讨设计方案。挡土墙与景墙及围墙一样可以起到分隔空间的作用（见图3-114）。高度为40～50 cm的矮挡土墙，能够用来充当座椅（见图3-115）。

3. 护栏设施

护栏包括栏杆和扶手，泛指游憩场地中能够起到栏杆作用的设施。在设计中应当考虑栏杆与整体环境的协调和美观。护栏常用的材料有铸铁、玻璃、铝合金、不锈钢、木材、竹子等。护栏依据其高度可以分为：高栏杆，一般为1.5 m以上；中栏杆，一般为0.8～1.0 m；低栏杆，一般为0.4 m左右。

图3-114 较高的挡土墙起到分隔空间的作用　　　　图3-115 挡土墙充当座椅

4. 亭

亭在园林中的应用有着悠久的历史，在古埃及出土的宅园复原图中就已经出现了凉亭，在我国，亭的建造历史可追溯到魏晋南北朝时期。在面积较小的园林中，亭通常为组景的主体和园林艺术构图的中心；在一些大型城市公园中，亭则成为增加自然山水美感的重要点缀。

在现代城市公园中，亭的设计无论在造型上还是材料上都更加多样化。依据其使用位置和形态的不同，可将亭分为山亭、桥亭、临水亭（见图3-116）、廊亭等。

5. 廊

廊是亭的延伸，在园林景观中具有以下功能。

（1）廊是有顶盖的游览空间，可以遮阳避雨，连接景点和建筑，并自成游览空间。如颐和园中的千步廊位于昆明湖畔，游客在廊中休息的同时可以欣赏廊中的彩绘。

（2）分隔和围合不同的空间，丰富景观的层次。如岭南园林中的余荫山房中的浣红跨绿桥（见图3-117）作为一座廊桥，起到了分隔视线的作用。

图3-116 网师园中的月到临水亭　　　　图3-117 余荫山房中的浣红跨绿桥

（3）作为山体和水岸的联系纽带，增强轮廓感。

园林中常见的廊有四种类型。双面空廊：双面通透，可赏两面的景物。单面空廊：一边通透，面向主要景色；另一边沿墙或附属于其他建筑物，形成半封闭的效果。复廊：在双面空廊的中间隔一道墙,形成两侧单面空廊的形式。中间墙上多开有各种样式的漏窗,从廊的这一边可以透过漏窗看到那一边的景色。双层廊:指上下两层的廊,又称"楼廊"。

6. 塔

塔一般都比较高,在城市公园通常是人们的视觉焦点,起到景观识别的作用。目前,城市公园中的塔大都是古代留存下来的,也有一部分是新建的,比如西安世博园中的长安塔、北京奥林匹克公园中的瞭望塔等。

7. 张拉膜结构

膜结构是一种新型的建筑形式,造型丰富,自重轻、跨度大,在城市公园中可起到良好的遮阴作用,加上夜晚灯光的效果,常成为城市公园广场上的标志性构筑物。例如,上海世博会中的世博轴就是用膜结构建造完成的。

8. 园桥

园桥即园林中的桥,可以联系风景点的水陆交通,组织游览线路,变换观赏视线,点缀水景,增加水面层次,兼有交通和艺术欣赏的双重作用。园桥在造园艺术上的价值往往超过其交通功能。园桥常见的形式有平桥(见图3-118)、拱桥、亭桥、廊桥和其他类型的桥,如水中的汀步等。园桥的材质以木材和石材居多,也有使用金属或玻璃的,如成都麓湖云朵乐园中的冰凌拱桥(见图3-119)。

图3-118　周口万达芙蓉湖生态城市公园中的平桥　　　图3-119　成都麓湖云朵乐园中的冰凌拱桥

3.6.2　景观小品

景观小品是景观中的点睛之笔,一般体量较小、色彩较为统一,对空间起点缀作用。景观小品既具有实用功能,又具有精神属性,包括建筑小品——雕塑、壁画、亭台、楼阁、牌坊等;生活设施小品——座椅、电话亭、邮箱、邮筒、垃圾桶等;道路设施小品——车站牌、街灯、防护栏、道路标志等。

1. 雕塑

雕塑小品是现代城市公园中不可缺少的点睛之笔。园林雕塑按照内容可以分为:纪念性雕塑,如重庆红岩魂广场中的烈士雕塑(见图3-120);主题性雕塑,如西安曲江池遗址公园中的唐文化雕塑(见图3-121);装饰性雕塑。城市公园中的雕塑设计,应当以园林环境为基础,对环境特征、文化理念、风格特点、空间心理等进行分析,在雕塑的颜色、材质、体量等方面进行充分的研究，既要满足功能需要，又能美化环境。

图3-120 重庆红岩魂广场的烈士雕塑　　　图3-121 西安曲江池遗址公园的唐文化雕塑

2. 照明设施

照明器具是城市公园中必不可少的设施，其本身的造型和功能也是园林造景必不可少的元素。在照明设计中应注意不仅要追求夜晚照明的效果，而且要保证白天的视觉美观性。按照照明需求的位置来分，照明设施可以分为园路照明、树木照明、花坛照明、景观构筑物照明和水景照明等。城市公园中常用的灯具类型有：草坪灯、道路灯、景观灯、埋地灯、壁灯、射灯和广场灯等（见图3-122）。

（a）草坪灯　　　　（b）壁灯　　　　　　　　（c）景观灯

图3-122 各种类型的园林灯具

3. 坐具设施

公园座椅（见图3-123）是城市公园中最常用的休息设施，通常设置在水边、路边和广场上。其设置要考虑人行为上和心理上的需求，符合人体工程学的要求。在城市公园的设计中，座椅的形式应当根据整体的风格和特点来设计，既解决人们休息和观景的需要，又具备视觉的艺术性和美观性。在设计中应注意休息设施要布置在安全、地形较为平坦的地方，避免设置在陡坡地、阴湿区域。

图3-123　各种类型的公园座椅

4. 信息设施

信息设施主要包括公共标识、告示、导向牌、警告牌、广告牌、广告塔和公共时钟等。信息设施应具备较强的视觉冲击力，以引起游客的注意，放置的位置应当合理。如导向牌通常设置在道路的交叉口和公园入口处，警告牌一般设置在有安全隐患的位置。

5. 服务设施

服务设施主要包括饮水机、电话亭、垃圾桶（见图 3-124）、公共卫生间（见图 3-125）、自行车架等。它们占地较小，数量多，往往造型别致，易于识别，在设计时要注意与公园的整体环境相协调。

图3-124　垃圾桶　　　　　　　　　　图3-125　造型独特的公共卫生间

6. 游乐设施及健身器材

根据城市公园儿童游戏场地服务对象的不同，儿童活动区可分为婴幼儿活动区（1 ～ 3岁）、学龄前儿童活动区（4 ～ 6 岁）、学龄儿童活动区（7 ～ 12 岁）。分年龄段进行设计可以让孩子们更加安全地在场地中玩耍。游乐设施（见图 3-126）是儿童游戏场地不可或缺的要素，也是整个游戏场地的核心内容，它的设置和选择应对儿童智力与想象力的创造和激发有积极作用。同时，在儿童游乐设施的周围要设置家长看护休息的区域。

健身器材的服务对象主要是老年人群体，器材的颜色要比较醒目，易于识别。铺装材质应比较平整，从而确保使用的安全。

7. 绿化设施

城市公园中的绿化设施主要包括树池、花钵等，其形态和风格要注意与公园的整体环境协调。同时，在植物的选择上要注意植株高度和形态是否与花钵或树池相匹配，尽量避免后期的移栽。图 3-127 所示的树池的形态犹如一个个微型山丘立在水池中，展现出一幅静谧的画面。

图3-126 儿童游乐设施　　　　　　　　图3-127 艺术树池

作业及思考：

1. 调研分析园林台阶和景墙在城市公园中的应用，并指明其优、缺点。
2. 通过调研寻找有特色的景观小品，并以拍照的方式将其记录下来。

第4章

城市公园景观设计程序及方法

教学目标：通过本章的学习，使学生了解城市公园景观设计的程序，掌握城市公园方案深化设计文本制作的方法，通过展示优秀文本的方式让学生清晰地了解文本制作的方法和技巧，为今后的工作实践打下基础。

教学重点：掌握城市公园方案深化设计文本制作的方法，充分了解前期分析、总体设计、分区设计、专项设计、技术指标等方面应当表达的内容。

学时分配：4学时。

4.1 城市公园的设计程序

设计工作程序是指对一个公园区域的景观系统进行完整设计所需要采取的一系列步骤。城市公园的设计程序一般可以划分为五个阶段：场地评估阶段、方案设计阶段、扩初设计阶段、施工设计阶段和现场服务阶段。

4.1.1 场地评估阶段

公园设计的程序通常开始于调研，即调查甲方的目的、场地的情况和潜在的需求。对于每一块场地都有理想的用途，对于每一种用途都有一块理想的场地。为了能够准确地进行规划设计，首先，应理解项目的特点，编制一个全面的计划，组织一份准确、翔实的调查清单，然后再进行场地调查和分析评估，以此作为设计的基础。城市公园设计，就是一个发现问题、分析问题、解决问题的过程。场地评估处于发现问题和分析问题的阶段，通过对场地的认识与分析，可以为立意提供线索，为功能分区提供依据，所以场地评估阶段对于城市公园设计是至关重要的。

4.1.2 方案设计阶段

方案设计阶段是对场地的一种前瞻性和创造性的构思。该阶段主要包括以下五部分内容。

（1）定位——公园在城市中所扮演的基本角色。

（2）立意——公园设计的总体意图与主要思想。

（3）构思——立意的具体化，将直接产生设计原则。

（4）布局——对公园各个组成部分进行合理的安排与综合平衡。

（5）细节——侧重于各分区的使用功能与视觉形象。

方案设计阶段往往要进行专家评审，提出修改建议，选择最适宜的方案。其主要成果包括：总平面图、整体鸟瞰图、分析图、分区平面图、主要节点效果图、总体地形处理方案、植物设计、方案说明、投资预算等。场地评估阶段和方案设计阶段一般是在校学生需要掌握的内容，其他三个阶段属于实际工作中的流程。

4.1.3 扩初设计阶段

扩初设计阶段是建立在方案设计的基础上，但其设计深度还未达到施工图的要求，一般小型公园可不必经过这个阶段。该阶段进行的工作主要包括以下几个方面。

第一，初步尺寸的控制，包括公园园路的空间定位及宽度，确定局部景点，建筑的空间定位、尺寸。

第二，进行竖向设计，明确整体的竖向设计思路，考虑与周边道路、现状地形的顺畅衔接，考虑竖向设计对土方平衡是否最优化。

第三，铺装材料设计，主要明确地面铺装的材料、色彩及图案，考虑最初的项目目标成本控制，尽量使用当地的建造材料，尽可能节约成本。

第四，种植设计，主要是选择种植设计的品种和方式。

4.1.4 施工设计阶段

施工设计阶段主要是将设计从图纸上落实到实际场地建设的重要阶段。这一阶段主要通过表达规范、说明详细、合乎行业标准的施工设计图纸，把设计者的意图尽可能表达出来，并将其作为施工的依据，其主要特点是以工程技术为手段来塑造公园形象。这一阶段适当地运用新材料、新技术可以提升项目最终完成效果，推进施工质量的提升。风景园林施工设计一般涵盖的范围有：土方工程、理水工程、道路工程、植物配置工程、掇山工程、驳岸工程、铺装工程、灯光照明工程、置石工程、喷泉工程、园林建筑及构筑物工程、给排水工程、标识系统等。施工设计是将设计师由内心迸发的设想与美好的现实结合起来的综合设计，它包含了对思想、理念、材料、技术、经济环境等众多因素的考量，体现了设计过程的最终思想与最终结果。

4.1.5 现场服务阶段

现场服务阶段也就是施工配合工作，常常被人们忽略。其实，这一环节对设计师和施工项目本身恰恰是非常重要的。俗话说，"三分设计七分施工"，如何使三分的设计完美融入七分的施工中去，产生十分的效果，这就是设计师现场专业服务阶段所要达到的工作目标，对工程项目质量的精益求精，对施工过程中突发情况的处理，都要求设计师在工程项目施工过程中经常踏勘建设中的工地，结合现场客观情况，作出最合理、最便捷的设计变更和调整。

4.2 城市公园方案深化设计文本制作

在实际工作中，方案组常做的设计汇报文本，基本包含了场地评估和方案设计两个部分的内容。汇报文本一般可分为两个阶段，即概念设计文本和深化设计文本。概念设计文本通常是向甲方第一次汇报时用到的文本，通常包括前期场地分析、总体平面图、分析图和节点意向图、专项设计意向图等。而深化设计文本是对概念方案的深化设计，与前面的一版文本相比，会增加节点平面图和效果图的制作，以及具体的竖向设计、地形设计等。在本小节的学习中，我们重点讲述深化设计阶段文本的内容。

城市公园方案深化设计文本制作（上篇）

设计文本的内容与设计团队的整体思路是密切相关的，不同的设计公司和团队制作的图册风格会有较大的差异，但其内容基本相同，一般可以分为以下几个部分：前期分析、总体设计、分区设计、专项设计和技术指标和预算。

城市公园方案深化设计文本制作（下篇）

4.2.1　前期分析

前期分析有时也可称为项目背景分析，主要对应设计程序中的场地评估阶段。要想完成这部分的内容，设计者需要对场地进行详细的调查和分析，对公园范围内的现状地形、水体、建筑物、构筑物、植物、地上或地下管线和工程设施应进行调查，作出评价，并提出意见。对现状有纪念意义、生态价值、文化价值或景观价值的风景资源，应结合到公园设计中。在可能存在污染的基址上建造公园时，应根据环境影响评估的结果，采取安全、适宜的消除污染的技术措施，保留公园内原有的自然边坡、岩壁，并在其周边设置园路、游憩场地、建筑等，应对岩壁、边坡做地质灾害评估，并根据评估的结果采取安全防护。

1. 场地调研计划

场地调研计划可以分为以下几个步骤。

（1）制订合理的调研计划，保证调研合理、高效地进行。

场地调研计划一般分为：明确公园场地的调研目标、内容和预期成果；熟读现有文字资料、地形图、卫星图等图纸中的相关信息，对调研场地有初步了解；明确人员分工，可以根据不同的调研项目进行分工，如数据记录、图纸补绘及地形测量等；明确调研计划及时间安排，预想未按计划完成时可采取的补救措施。

（2）基础资料搜集。

基础资料的内容主要包括地形图和卫星图、城市历史沿革、城市的总体规划、城市专项规划、经济发展计划、社会发展计划、产业发展计划、城市环境质量、城市交通条件等。图4-1、图4-2所示为设计者对场地的历史文脉和人文进行的前期分析。

（3）实地勘察。

实地勘察是场地基址调研分析阶段不可缺少的一步。设计者到基地现场调研，通过仔细观察和体验现状环境，建立直观认识，增加对基址地形地貌，土壤植物、人文历史的全面了解，从而激发设计灵感。

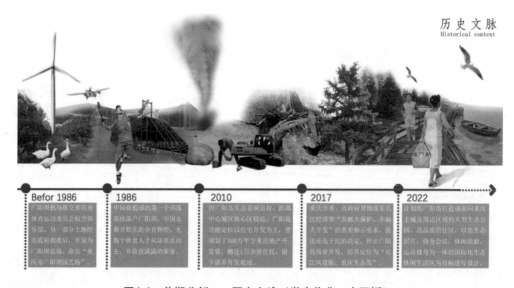

图4-1　前期分析——历史文脉（学生作业：李园媛）

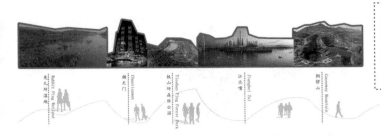

广阳岛有着优越的地理位置和丰富奇特的自然景色，它毗邻国家级经济技术开发区，南邻茶园新城区和长生组团，东侧隔江紧邻重庆二环高速，北侧隔江与江北鱼嘴组团和铁山坪森林公园相望，对外交通主要依赖跨越内河的广阳岛大桥。

图4-2 前期分析——人文分析（学生作业：李园媛）

2. 调研内容

调研的内容主要包括两个方面：场地外部条件和场地内部条件。

1）场地外部条件

公园的场地外部条件对公园的设计有直接影响，为了使设计后的公园与周围的城市环境相协调，我们需要将调研范围扩大到公园的周边。场地外部条件的调研主要从以下几个方面来考虑。

（1）用地情况，如居住、商业、工业等用地在公园周边的分布情况；重点分析公园在城市中与周边其他用地的相互关系，与城市绿地系统的连接关系。

（2）基地周边的大气、水体、噪声情况，考虑其对场地设计的影响。

（3）公园服务范围内的人口状况，包括居民类型、人口组成与分布及老龄化程度。图4-3所示为公园场地周边的人群情况，以及人群的活动类型分析。

（4）交通状况，考虑公共交通的类型和数量、停车场分布，道路等级及街道格局、人流集散方向等。

（5）城市景观条件，观察基地四周有没有可以利用的自然景观、风景名胜或地标性建筑等，可以开辟透景线将其作为借景。

2）场地内部条件

公园现状基址调研主要包括以下几个方面。

（1）地形，即公园建造的形态基础，需要调查分析地形地势起伏变化、走向、坡度等内容。

（2）土壤，主要是指土壤的类型，土壤的物理化学性质，土层厚度、分布特点等。

（3）水系，需要了解水系的种类及其分布、水文特点，如河道水面的流速、流量、流向、水深、洪水位、常水位、枯水位等，以及水床状况、水利设施情况。

（4）植被，需要调查现有植被的种类、数量、高度、长势、群落构成，古树名木分布情况及观赏价值的评定等。

（5）建筑，现有建筑的位置、面积、高度、风格、用途及使用情况。

（6）市政管线，包括供电、给水、排水、排污、通信情况，比如，现有各种地上、地下管线的种类、走向、管径、埋深等。

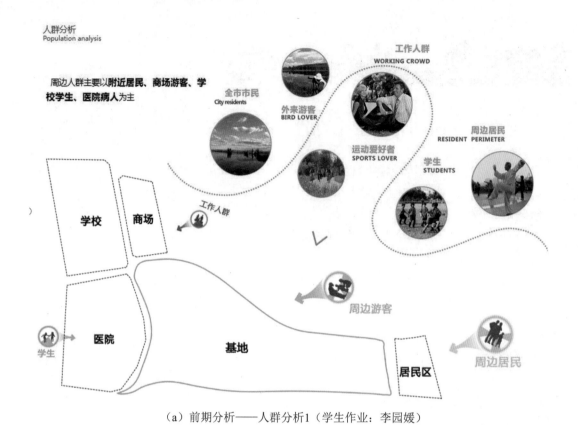

（a）前期分析——人群分析1（学生作业：李园媛）

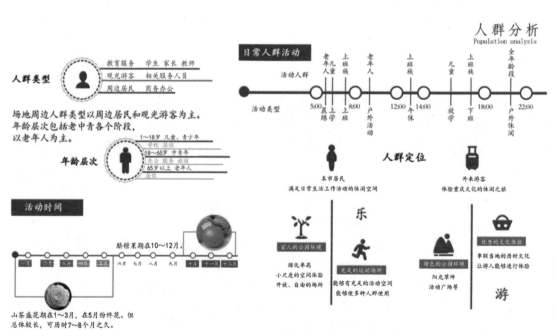

（b）前期分析——人群分析2（学生作业：夏天祺）

图4-3　前期分析——人群分析

3. 调研方法

调研方法有很多，我们一般使用观察法、拍照法、访谈法和问卷调查法等。在实际调研中，通常是多种方法综合使用。

1）观察法

观察法主要包括参与性观察和行为观察。参与性观察是指观察者以使用者的身份来观察场地，作为一个参与者记录使用感受。行为观察是指观察者作为旁观者对使用者的行为活动和场地现状进行记录，观察的内容包括使用群体特征、场所利用情况等。观察的时间应兼顾工作日和周末，以确保观察对象的完整性。

2）拍照法

拍照法是指利用相机、摄像机等摄影摄像设备记录场地内容。图4-4所示为用拍照法记录下来的场地现状。

2.水质保障 / Water quality guarantee

现状问题：场地紧邻长江流域，大量工程堤岸限制了滨水植被生长，河道水体自净能力降低。

图4-4　场地现状分析（学生作业：夏天祺）

3）访谈法

访谈法是指调研人员以面对面交流的方式与场地内的活动人群进行交流，并记录使用者的感受。

4）问卷调查法

问卷调查法是指用发放问卷的形式，让公众直接参与评价，量化公众的心理感受，用于调查人们对空间利用的倾向性和态度，方便在今后使用过程中能够从使用者的实际角度出发，建造出符合市民需要的城市公园。

除了传统的调研方法之外，新技术的发展也在场地调研中发挥着重要作用，主要体现在信息采集、信息分析和可视化与模拟设计中。

在方案设计图册的制作中，前期分析的部分可以总结为以下几个方面：项目区位、上位规划、周边现状分析（见图4-5）、周边交通分析、地形高差、坡度坡向、雨水分析、人群层次分析、人群活动分析和场地适宜性等。

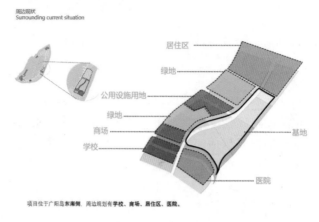

图4-5 周边现状分析（学生作业：夏天祺）

4.2.2 总体设计

总体设计主要包括设计概念、总平面图及整体鸟瞰图和分析图等。也有的方案文本会将设计概念的部分，单独列为一个章节。

1. 设计概念

设计概念一般从公园的功能定位、设计原则、设计理念、设计愿景以及设计策略几部分来考虑。设计功能定位主要明确公园的性质是什么、需要满足市民的哪些功能需求。如图 4-6 所示，设计者通过六边形图案组合的形式，将未来公园的场景和公园的功能定位清晰地表达出来。设计原则主要是表达公园在设计中都遵循了哪些原则，这些原则是如何运用到景观中的（见图 4-7）。设计理念部分主要表达设计的主题（见图 4-8），设计后的公园都具备哪些特点（见图 4-9）。设计愿景是指公园在建成后能达到哪些目标，通常在生态性、文化性和场所体验等方面进行考虑（见图 4-10）。设计策略主要是通过图示语言的方式将自己的设计理念传递出来，并表达出设计元素都是如何运用在场地中的（见图 4-11）。

图4-6 公园功能定位（学生作业：蔡运鑫）

生态保护原则
以生态环境的保护为前提进行开发建设，以开发建设促进生态环境的建设。

可持续发展原则
坚持尊重本地自然和地方文化特征，以保护为前提，以开发促进保护，理性地处理开发与保护之间的关系，使人与自然和谐发展。

整体性原则
与周边城市主要景区的主题内容区分开来，错位开发经营，同时再整个城市层面上强调绿地结构的完整。

功能性原则
在满足景观观赏的同时，满足现代人的休闲，运动，娱乐的需求。以市场需求为导向，同时让历史文化，自然生态和民俗风情为重要景观元素，增加亲切感和认同感。

经济性原则
在方案中充分考虑对现有景观资源的利用，对现状地形进行微调，避免大量土方工程。

图4-7　设计原则（学生作业：蔡运鑫）

设 计 主 题
Design themes

五感体验/Five senses experience

让游客通过从物体景象的形、声、色、味、触五个方面的体验来获得认知，促使人们通过自身五感来感知周边环境，当人对景观的感受是综合的、多元化的时候，就可以做到触景生情、乐于环境。

图4-8　设计主题（学生作业：李园媛）

"融两江山水聚游人，聚山水灵气汇山城"

概念引导
以山为主题，提出"整合，互动"的理念，规划对原有环境进行梳理和整合，充分利用现场地形，结合现状环境，将各种景观元素相互穿插，渗透，使人与自然互动起来，创造与城市发展相互呼应的景观空间，从而完善城市机能，构成"生态综合休闲公园"。

聚 山水门户　　融 历史元素　　展 山城魅力　　享 生态宜居

图4-9　设计理念（学生作业：蔡运鑫）

营造和谐互动可持续发展的生态型体验

基地丰富的地形和天然资源，提供了人与自然环境联系互动的机会，回顾基地的历史、现在并设想她的未来，公园应作为一个生态整体被恢复和认知，使之成为人们认识环境并乐在其中的一个最好的场所。

加强都市互动，提升山城城市形象

基地为岛屿，与城市中心、周边商圈之间有较远的距离，公园周边多为广阳岛居民，作为城市生活的重要组成部分，公园应平衡环境的保护和人们的休闲需求，将活力引入广阳公园，将自然融入城市。

塑造重庆山城的整体场所感

作为重庆城市发展的一个重要组成部分，广阳公园应既有自己独特的功能和个性，又从属并融合重庆城市脉络的连续性，营造广阳公园的整体形象。

图4-10 设计愿景（学生作业：蔡运鑫）

元素提取
Element extraction

林

花

江

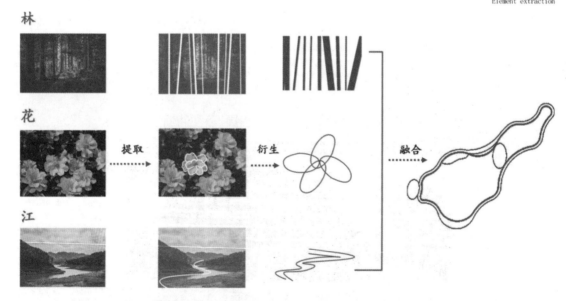

提取　衍生　融合

（a）设计策略之元素提取（学生作业：李园媛）

图4-11 设计策略

廊道空间分析

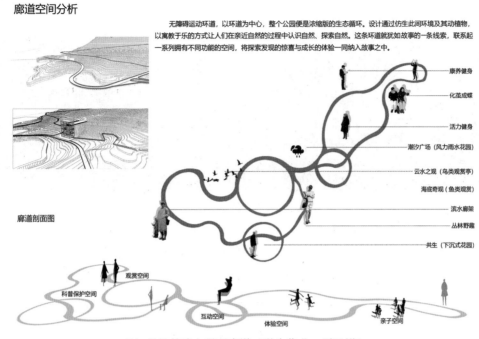

　　无障碍运动环道，以环道为中心，整个公园便是浓缩版的生态循环。设计通过仿生此间环境及其动植物，以寓教于乐的方式让人们在亲近自然的过程中认识自然、探索自然。这条环道就犹如故事的一条线索，联系起一系列拥有不同功能的空间，将探索发现的惊喜与成长的体验一同纳入故事之中。

（b）设计策略之景观廊道（学生作业：夏天祺）

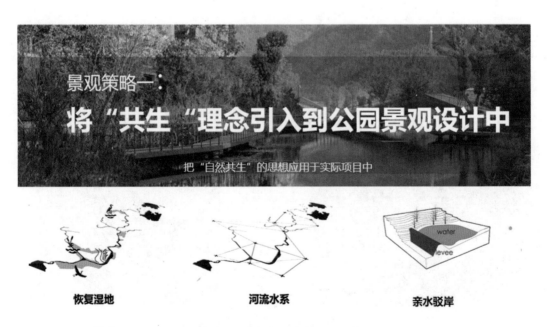

（c）设计策略之景观策略一（学生作业：夏天祺）

图4-11　设计策略（续）

设计策略
Design strategy

能源利用　　　　　　生物保护　　　　　　科普教育

（d）设计策略之景观策略二（学生作业：夏天祺）

图4-11　设计策略（续）

2. 总平面图及整体鸟瞰图

总平面图通常是通过彩色平面图的方式来表达的，这样更有利于甲方直观清晰地了解公园场地的整体布局，总平面图应能较为准确地反映绿化、水体、铺装及道路之间的关系。图4-12所示为不同设计者制作的总平面图。通常总平面图后还会有一张总平面标注图，清晰地表达了景观节点的分布情况（见图4-13）。整体鸟瞰图是为了更好地表达场地的总体设计内容，以透视效果图的方式呈现，并且能够表现出一部分场地的周边情况（见图4-14）。

图4-12　总平面图（学生作业：赵婧如 张宇婷 蔡运鑫）

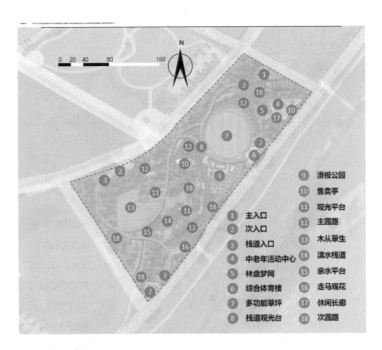

图4-13　总平面标注图（学生作业：蔡运鑫）

9	滑板公园
10	售卖亭
11	观光平台
1	主入口	12	主园路
2	次入口	13	木从草生
3	栈道入口	14	滨水栈道
4	中老年活动中心	15	亲水平台
5	林盘梦网	16	走马观花
6	综合体育楼	17	休闲长廊
7	多功能草坪	18	次园路
8	栈道观光台		

图4-14　整体鸟瞰图（学生作业：蔡运鑫）

3. 分析图

总体设计章节的分析图主要是在总平面图的基础上来制作的，一般包括功能分析图（见图4-15）、交通流线分析图（见图4-16）、竖向分析图（见图4-17）、人流密度分析图（见图4-18）、灯光分析图（见图4-19）和公共设施规划分析图（见图4-20）等。

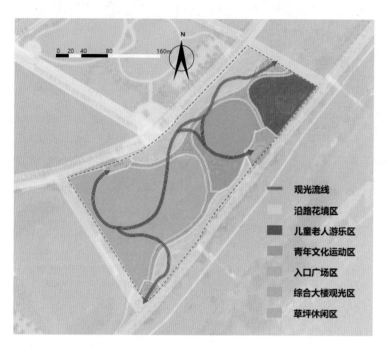

图4-15 功能分析图（学生作业：蔡运鑫）

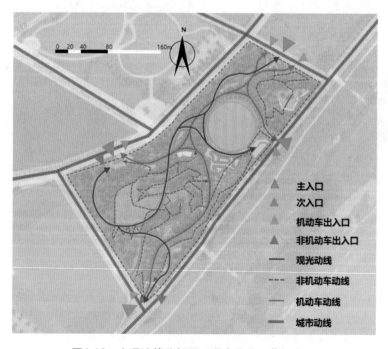

图4-16 交通流线分析图（学生作业：蔡运鑫）

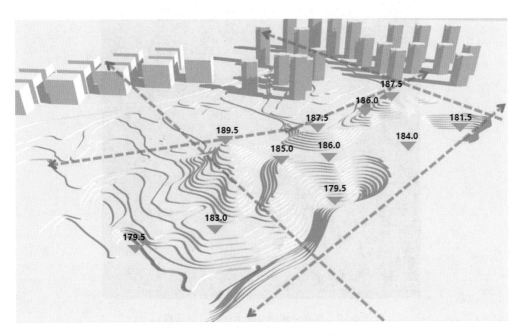

图4-17 竖向分析图（学生作业：蔡运鑫）

图4-18 人流密度分析图（学生作业：钟雨倬子 陈越）

图4-19 灯光分析图（学生作业：蔡运鑫）

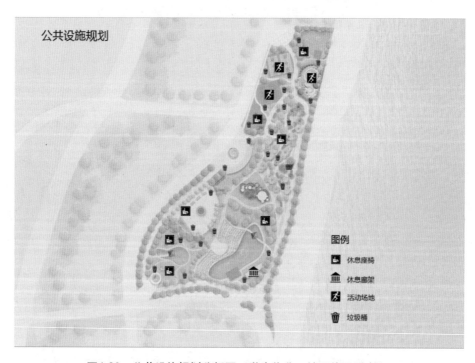

图4-20 公共设施规划分析图（学生作业：钟雨倬子 陈越）

4.2.3 分区设计

分区设计是对重要景观区域或景观节点的详细设计表达，依据整体的场地设计规划来确定将要表达的分区数量，通常会选取入口景观区、滨水景观区和人流比较集中、风景较好的节点区域。图 4-21 所示为某公园设计文本中的分区设计部分的目录。在每个区域的设计中都应表达出此区域的平面图、剖面图和效果图（见图 4-22、图 4-23）。

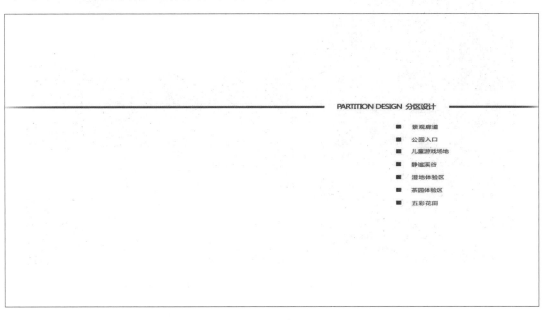

图4-21　分区设计部分的目录

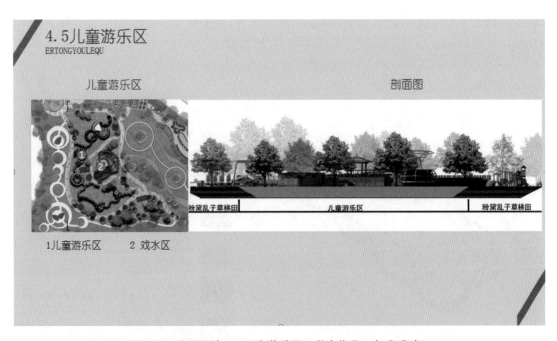

图4-22　分区设计——儿童游乐区（学生作业：白瑞 曹淼）

图4-23 分区设计——滨水景观区效果图（学生作业：蔡运鑫）

4.2.4 专项设计

专项设计主要包括铺装设计（见图4-24）、照明设计（见图4-25）、导视系统设计（见图4-26）、驳岸设计（见图4-27）、生态设计（见图4-28）、植物设计等。

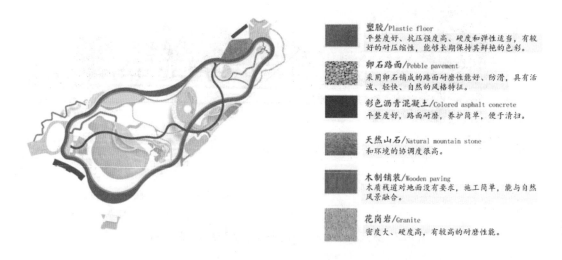

铺 装 设 计
Pavement design

塑胶/Plastic floor
平整度好、抗压强度高、硬度和弹性适当，有较好的耐压缩性，能够长期保持其鲜艳的色彩。

卵石路面/Pebble pavement
采用卵石铺成的路面耐磨性能好、防滑，具有活泼、轻快、自然的风格特征。

彩色沥青混凝土/Colored asphalt concrete
平整度好，路面耐磨，养护简单，便于清扫。

天然山石/Natural mountain stone
和环境的协调度很高。

木制铺装/Wooden paving
木质栈道对地面没有要求，施工简单，能与自然风景融合。

花岗岩/Granite
密度大、硬度高，有较高的耐磨性能。

图4-24 铺装设计（学生作业：李园媛）

照明设计

（a）照明设计1（学生作业：钟雨倖子 陈越）

（b）照明设计2（学生作业：白瑞 曹淼）

图4-25 照明设计

图4-26 导视系统设计（学生作业：白瑞 曹淼）

生态驳岸分析

除了人工湿地、滞留草坪等低影响的环境设施，一个更具有弹性的水岸也能吸引市民来体验和认知自然，了解对水环境的保护。

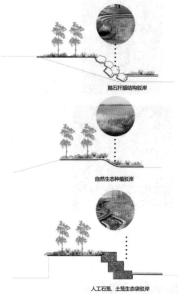

● 处理较陡的坡岸地段时，采用天然石材等固定堤岸。

● 通过种植自然植物减轻坡面的不稳定性，恢复具有自然河流特点的可渗透性驳岸，从而有利于实现多种生物的共生与繁殖。

●在高差较大的地方采用层层退台的方式解决高差问题，低台可亲水，高台可防洪。

图4-27　驳岸设计（学生作业：夏天祺）

图4-28　生态设计（学生作业：夏天祺）

植物设计首先是植物种植说明（见图4-29），表达出公园植物的设计目录和设计原则，然后说明植物栽培种类（见图4-30）、种植配置等（见图4-31）。

◆◆　　专项设计　　◆◆

植物设计

一、设计目标

1.种植设计始终密切结合总体风格造景，在保证景观风格延续性的前提下增添景的可观赏性，讲究乔木、灌木、花草科学的空间搭配，同时营造舒适健康的生态环境，创造丰富多彩的植物群落。

2.从以人为本的原则出发，注重不同的功能分区搭配相应的植物。

二、设计原则

1.生态性：因地制宜，优先选用本地植物，以保证园林植物有正常的生长发育条件，但不排斥经长期驯化适应性强的外来树种。

2.多样性：通过种植不同类型的植物来创造植物生境，采取以植物群落为主，乔木、灌木和草坪地被植物相结合的多种植物配置形式。

3.功能性：植物的选择和配置形式与绿地的功能相协调。

4.特色性：选择观赏性较强且生长良好的品种，在不同的景观区种植其特色植物。植物种类的搭配和规格的选择充分考虑场地的环境氛围和空间尺度。

5.造价合理性：以低维护、易管理树种为主，视觉焦点处选择树形优美、观赏效果好的树种。

（a）植物种植说明1（学生作业：钟雨倖子 陈越）

植物设计原则

自然性原则：保留原有大乔木，以天然植物景观营造为主，回归自然景观风貌。

生态性原则：从公园的健康生态系统出发，建立完好健康的植物群落，以发挥其生态效应。

多样性原则：架构健康的植物群落，增加现有植物群落的丰富度，恢复植物的多样性。

地方性原则：在植物的选择上，以赣州本地乡土植物为主，充分发挥地方特色。

（b）植物种植说明2（学生作业：蔡运鑫）

图4-29　植物设计——植物种植说明

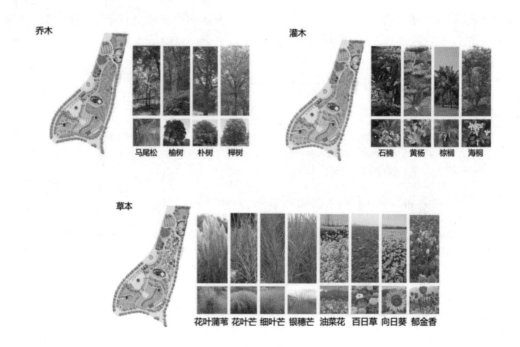

图4-30 植物设计——植物栽培种类（学生作业：钟雨倖子 陈越）

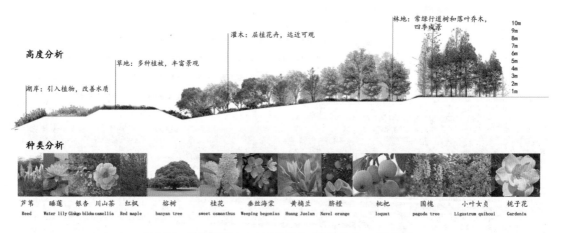

图4-31 植物设计——植物配置（学生作业：李园媛）

4.2.5 技术指标和经济预算

技术指标主要包括总体用地面积统计表（见表4-1）、公园地块硬质铺装面积统计表（见表4-2）、体育运动设施统计表（见表4-3）等。经济预算主要是对场地中的软景、硬景，以及各类设施的造价进行估算，并计算出单方造价。

表4-1 总体用地面积统计

序 号	项目名称	面积/m²	比例/%
1	净用地面积	113 096	100
2	景观建筑	993	0.88
3	硬质铺装	32 580	28.81
4	绿地	67 982	60.11
5	水体	10 341	9.14
6	停车场	1 200	1.06

表4-2 公园地块硬质铺装面积统计表

序 号	铺装种类		面积/m²	比例/%
1	生态环保材料	透水砖	9 592	79
2		透水混凝土	7 085	
3		植草砖	1 200	
4		防腐木	1 894	
5		竹材	1 255	
6		碎石砂砾	819	
7	其他	石材	3 987	21
8		塑胶	1 009	
总计			26 841	100

表4-3 体育运动设施统计

序 号	项目名称	单 位	数 量
1	篮球场	处	1
2	羽毛球场	处	3
3	网球场	处	1
4	乒乓球场	套	6
5	150 m的跑道	条	1
6	滑板公园	处	1
7	儿童乐园	处	1
8	极限运动场	处	1
9	健身设施	套	20

作业及思考：

1. 城市公园的设计程序都有哪些?

2. 通过学习方案文本的制作，将自己本次的课程设计成果以深化方案文本的形式呈现出来。

第5章

城市公园景观设计实例解析

教学目标：通过本章的学习，使学生全面地了解城市公园的设计方法，以综合公园、历史名园、儿童公园、工业遗址公园、体育公园、植物园、动物园、游乐场公园、街头游园等九个类型的城市公园为例进行讲解，通过实例解析的方式让学生更加形象、生动地了解不同类型城市公园景观设计的方法。

教学重点：掌握不同类型城市公园的定义、功能分布和设计要点。通过实例解析的方法拓宽学生的设计思路。

学时分配：8学时。

5.1 综合公园

城市综合公园是在市区范围内为城市居民提供良好游憩活动、休息娱乐、文化传播的绿地场所。其具有综合性、多功能、自然化的特点，通常服务半径广，服务人口类型多样化。在设计的过程中需遵循设计原则和要点，处理好综合公园多样化功能需求，对水景、园路、绿化等要素进行合理的配置及设计，满足不同游客的游憩观光需要。

5.1.1 综合公园概述

1. 定义

综合公园

综合公园是城市绿地中公园绿地的一种主要类型。公园绿地向公众开放，以休闲游憩为主要功能，兼具生态美化、防灾避险等功能。公园绿地包括综合公园、社区公园、专类公园、带状公园、街旁绿地等。其中，综合公园是指公园内功能丰富、有相应设施、适合公众开展各类户外活动的、规模较大的绿地形式。

过去，综合公园主要分为全市性的综合公园和区域性的综合公园。全市性的综合公园是指为全市居民服务、活动内容丰富、设施完善的公园绿地。通常全市性的综合公园包括比较大的活动内容和设施，在用地上有较大需求，一般达到 40 ~ 50 hm^2 较为理想。全市性的综合公园至少能容纳全市居民中 10% 的人同时游览。在设计中，全市性的综合公园的面积还应与城市规模、性质、用地条件、气候、绿化等状况及公园在城市中的位置与作用的因素有关，应从多方面考虑来确定。区域性的综合公园是为市区内一定区域的居民服务，具有较丰富的活动内容和较大的规模，设施完善，适合公众开展各类户外活动。区域性综合公园与全市性综合公园相比，它的规模和场地大小、服务半径都要小很多。但其规划建设的目的依然是改善和提高区域生态环境质量，满足人们多种现代社会生活需要，特别是户外社交、运动、文化活动等。

2017 年中华人民共和国住房和城乡建设部发布的《城市绿地分类标准》（CJJ/T 85—2017）中，对这一分类方式作出了更新和调整，综合类公园不再区分全市性公园和区域性公园。由于各地城市人口规模和用地条件区别很大，在实际工作中很难明确地区分某个具体综合公园的服务对象是全市居民还是区域内居民，所以该标准中建议综合公园的规模下限为 10 hm^2，而某些地形特殊、建造困难的山地城市或者中小型城市可将这个下限控制在 5 hm^2。

2. 功能

《公园设计规范》（GB 51192—2016）规定，综合公园的主要功能是为城市居民提供游览、社交、娱乐、健身和文化学习的活动场所。综合公园内应设置游览、休闲、健身、儿童游戏、运动科普等多种设施。根据各个公园所处的区域、地形和文化特征不同，可适当地进行功能区的增减和调整。

公园内的设施应包括能保证游客活动和管理使用的基本设施，主要包括游憩设施、服务设施、管理设施等。随着我国综合公园的不断发展，许多新型设施接连出现，如"游客服务中心"可以为游客提供信息咨询、讲解、教育、休息等功能；智能化设施可以帮助游客在园区中更方便地游览，也有助于园务管理，更好地管控整个公园的情况；而垃圾回收环保设施可以让园区内的各种垃圾得到有效的处理和回收；应急避险设施可以在地震、火灾等重大灾难发生时，快速高效地疏散人群，提供安全避险，保障游客最基本的生命安全。

5.1.2 综合公园的设计要点

1. 综合公园的选址原则

1）必要性原则

依据城市的性质、城市的整体规划进行用地布局选址，应充分考虑上级规划的情况来确定综合公园的位置。公园的规划应尽量避开适宜于工业建设及农业生产的地段。

2）可能性原则

尽量优先选择原生场地具有较好观赏价值的自然风景区域，优先选择周边有名胜古迹、历史背景的区域，同时优先选择原有植被丰富的场地，在规划设计时可尽量保存原有的乡土植物和地形地貌。

3）整体性原则

公园的选址，应该与城市大环境的改善结合考虑，整体地思考公园对周边其他环境的作用。

4）改造性原则

将城市中一些荒废的区域加以利用建造成公园，对这些场地进行再生性改造，如大型垃圾场改造、旧工业区改造等均可以作为综合类公园的选址场地。

5）发展性原则

在公园选址阶段，应考虑该地区发展的一切可能性，应适当留出一定面积的备用地，用于满足该地区发展以后因公园游览人数增加，公园要作出扩展的需求。在公园的整体规划上留有余地。

2. 综合公园选址要求

首先从交通上来考虑，综合公园应与城市的主要交通干道、公共交通设施有一定的联系。如公共公园的附近，应设有公交站、公交线路、地铁站等，方便游客抵达公园；与城市的交通主干道连接，方便游客驾车来公园游览；周边的居民区、生活区也应有人行道连接到公园，方便游客步行前往。

其次从城市的水系上看,公园应尽量建设在有可用水体的附近,或公园场地内部有原生的水体。这样既可以对原生水体进行保护,又可以增加公园的可观赏性。公园整体的排水系统都可以依据这个原生水体进行系统性设计。原生水系对公园整体的生态水循环、园区内用水、园区水景的打造以及植物的浇灌等都有一定的帮助。

莫斯科的卡班湖公园就是围绕着场地原始的水体——卡班湖进行规划设计的(见图5-1),整体设计和建造都是在对湖岸线植被影响最小的情况下进行的。这片区域本身融入了自然景观,具有舒适的城市公园特色,改造则使湖岸变得更适合散步和放松。

图5-1 莫斯科卡班湖公园鸟瞰

尽量对场地内的原生植物加以保护和利用,可选择场地原本就有丛林、林场、苗圃等区域,在此基础上加以规划改造,从而形成公园。从成本管控的角度来说,这样能使公园的建造成本得到有效的节约,同时还能对一些原生的树种进行合理的维护。

设计师应尽可能地选择原本就有名胜古迹遗址、人文、历史景观、园林建筑等的地区来规划建设公园。在修建公园的同时,可以对当地的文化历史建筑进行维修保护,同时也可以丰富公园的内容,提升游玩价值。

3. 出入口的要求

1)位置选择

综合公园的出入口位置应该与交通要道连接,通常公园的主要入口位于重要的交通干道附近,次要入口位于次要干道附近,同时应尽量靠近公交车站和地铁站,以此来保证人流量路过公园的入口处,且游客前往公园具有交通上的便利性。综合公园一般设主要出入口一到两个,次要出入口一个或多个,专用出入口一到两个,还可以规划出单独的消防出入口、紧急疏散通道和员工通勤出入口。

2）出入口处的空间内容和序列

公园出入口常见的设施有公园的大门、集散广场、停车场、售票处、小卖部、休息廊、信息处等。公园大门处时常形成人群的聚集，游客常在公园大门处停留、等候、集合、购票。游客进入公园后，可能在公园的入口处思考游览路线、初步了解该公园的信息以及进行问询等行为，故在公园的入口处应有一个集散广场，防止人群聚集造成交通堵塞。所以在公园入口前的位置以及公园入口后的位置都应该设置各自的人群集散广场，用以疏散人群。

公园的入口景观还可以设置一些园林小品，如雕塑、花坛、水池、喷泉、花架、宣传牌、导览图、问询处等。出入口处的建筑和大门都应注意整体造型，要与周边场地的尺寸比例、色彩相协调。因为公园入口处的景观决定着公园给游客的第一印象，所以入口处的景观应能够体现出该公园的整体风格、文化特点，让游客看到入口的时候，就能迅速地获得与该公园有关的信息。并且入口处的大门和建筑设计能够吸引游客的注意力，引起游客的兴趣，继而引导其进入公园。但在设计入口的时候需要注意，不能完全将公园的亮点内容都展现出来，需要适当地加以遮挡和屏蔽，让公园的亮点保持神秘感，从而吸引游客进入园内参观。入口处的布局还应与公园的整体布局形式相结合，保持统一。

公园的入口处常见的空间序列做法有以下几种。第一，开门见山式，即入园就可以见到公园的大体状况。入口处景观视线比较开阔，没有遮挡，景物一目了然。第二，先抑后扬式，用障景的手法，先将公园的主要景观遮挡起来引导游客进入探寻，经过一定的氛围铺垫后，再进入到公园的主要景观节点。

如成都大熊猫繁育研究基地（见图5-2）在园区的出入口处设置了一个大型的人群集散广场，方便游客在此购票后排队进入公园，从而有效地维持入园的秩序。大门的造型设计是一个白色的熊猫，其结合了园区的主题和文化，同时在视觉上利用熊猫憨态可掬的形象，增加游客入园参观的兴趣。大门旁边有一个巨型的屏幕，播放熊猫的实时影像，让游客在等待入园的过程中也可以观赏到熊猫。

图5-2　成都大熊猫繁育研究基地入口处

3）出入口的空间尺度

《公园设计规范》（GB 51192—2016）规定，公园单个出入口最小宽度为 1.8 m，举办大规模活动的公园应另设安全门。公园的大门内外集散广场的面积、大小、形状，一般与公园的规模，游客流量，门前道路宽度与形状，其所在城市、街道的位置等因素关联。一般公园出入口内外集散广场的人均使用面积，应该满足每个游客 1 m² 左右。而需售票的公园，应按照 500m²/万人来计算。如北京紫竹院公园南大门前后广场为 48 m×38 m；哈尔滨儿童公园前广场为 70 m×40 m。

4. 综合公园功能分区

1）文化娱乐区

文化娱乐设施通常包括游乐场、俱乐部、露天广场、水上娱乐项目（见图 5-3），展览是动植物园科普活动区的常见形式，由于这些项目通常人流量集中，且比较喧闹，所以通常布置在公园的中央。

图5-3　成都云朵乐园水景互动

（1）从地形上来看，文化娱乐区的平地和缓坡要保持适当的比例，保证建筑和场地的布局合理。对场地内的地形状况要进行充分、有效的利用。如利用自然下沉的区域开辟露天演出、广场、表演场地等，地形下凹区域的四周可进行阶梯式整平，形成观众落座区域；利用场地内的大型水域进行水上活动的设计。

（2）周边的交通需要妥善地组织，要有足够的道路连接到这个区域，方便游客的可达性。尽可能在条件允许的情况下接近公园的出入口，或单独设专用出入口，以便快速集散游客。在发生灾害时，可将这部分大量聚集的游客有效地进行疏散。

（3）为避免场地内各个区域之间的噪声干扰，可将场地内的各个区域利用植被进行隔离，也可利用建筑、景观构筑物、景墙等对各大区域进行隔离。

2）观赏休憩区

观赏休憩区的主要功能包括游览、观赏、休息、陈列，通常会选择该场地内山水景观优美的区域。有山、水搭配，再结合历史文物、名胜古迹、亭廊轩榭、山水奇石等景观就可以形成观赏游览区域的主要景观节点，也可搭配建造一些专类园，如盆景园（见图5-4）、温室花园（见图5-5）、苔藓类植物观赏园、观赏树林、花卉等，还可搭配石刻、石品、匾额、对联、假山等作为点景，营造出典雅幽静的环境氛围。休息区内可适当地开展一些静态的活动，如垂钓、散步、气功、太极拳、品茶、下棋、阅读等。观赏休憩区域可以集中在一处，也可以分散在园区的各个区域。小型公园适宜集中分布，大型公园适宜均匀分布。

图5-4　广西南宁南湖公园的盆景园　　　　图5-5　上海世博文化公园的温室花园

（1）观赏休憩区一般选择具有一定起伏的地形，如山地、谷地、溪旁、河畔、湖泊、河流、深潭、瀑布等地形，且对原生的树木也有一定的要求，最好选择原本树木茂密、植被长势较好的区域。在设计规划的过程中，可对原有的植被进行一定的保护和利用。

（2）该区域属于安静的区域，应控制人流的进入，以保证游客的密度处于较低的状态。游览观赏区域内，每个游客所占的用地定额较大，约占 100 m² / 人。在交通设计时，需注意进入的交通道路不宜过多，以免影响该区域的静谧氛围，可设置单进单出的游览路线，按照游览路线进入观景区域观看游览，休憩结束后由另一侧离开场地，不走回头路，以免造成来往的人流冲撞。

（3）在植物的配置上，为保证观赏的美，应该让植物具有层次性。从地被植物、矮灌木、高灌木，到小乔木、大乔木依次进行配置。可适当地利用芳香型植物，从嗅觉上营造观赏的氛围。根据不同时间的观赏需求，按照植物的花期进行配置，还应考虑草花类植物或花灌木不同的颜色、质感，和周边环境相互搭配。

3）儿童活动区

儿童活动区应根据该公园的少年儿童游客量、儿童年龄层次进行规划。不同年龄层次的儿童要分别进行考虑，通常在园区内需要分为学龄前儿童区域和学龄儿童区域。儿童活动区的主要内容有：游戏场戏水池、各种运动场、障碍游戏区、少年宫、少年阅览室等。根据不同年龄层次儿童的需求，规划对应的活动。

（1）儿童活动区的位置一般靠近公园主入口，便于儿童在到达公园后能够迅速到达开展活动，也能够避免儿童穿越至其他区域，影响其他区域游客的活动。

（2）该区域的建筑物和景观构筑物应符合儿童的喜好，色彩以饱和度较高、明亮的颜色为主，且造型须尽量贴合儿童的审美，可采用一些新奇的、具有亲切感的形状（见图5-6、图5-7）。

图5-6　Paleo恐龙遗迹公园的恐龙形泳池

图5-7　Paleo恐龙遗迹公园的恐龙墙绘

（3）儿童活动区的植物配置应避免一些具有毒性的或危险性的植物，不应选择带刺或有异味的花草树木，可配置一些花形、花色优美的好花型或花灌木，以吸引儿童的注意力，满足儿童探索新奇事物的需求。场地四周需要适当种植高大乔木，以起到遮阴的作用。

（4）儿童区域周边需配置较为完善的公共设施，如家长陪同休息桌椅、公共厕所、小卖部、垃圾桶、医疗站等，以应对突发状况。

（5）地面铺装的色彩和材质宜多样化，软塑胶和彩色瓷砖鲜明的色彩和各式图案能吸引儿童的注意，渲染儿童活动区域活泼、明快的气氛。沙、木屑等自然软性地面则能在增加孩子娱乐性的同时避免受到伤害。

4）老年人活动区

老年人有独特的心理特征及娱乐要求，因此老年人活动区应根据老年人的心理特点和生理特点，进行相应的环境及娱乐设施的规划。老年人活动区通常包括以下活动：健身锻炼区、社交聊天区、棋艺区和园艺区。

（1）老年人活动区应布置在背风向阳处，至少应有1/2的活动面积在标准的建筑日照阴影线以外，以保证户外活动的舒适性。场地应尽可能靠近公共服务设施，服务半径一般不超过老年人的最大步行半径——800 m。

（2）地形通常较为平坦，老年活动场地应尽可能保证平坦，避免出现坡道和梯步（见图5-8）。相对平坦的场地有利于步行，从而促进老年人的健康。

（3）在植物的配置上，应保证该区域能有一定的遮阴效果，以防眩光直射老年人的眼睛。

（4）场地要保证可达性，交通应便捷，周围不应被园区主要交通道路围合，并且在场地内不允许有机动车和非机动车穿越，以保证老年人出行的安全。

（5）老年人大多喜欢安静、私密的休憩空间。场地宜选择有安全感的地方，如L形建筑两翼围合的空间私密性较强，是老年人喜欢逗留的场所。

（6）为老年人设计的场地的地面材质应多采用软质材料，少采用水泥等硬质材料。地面材质应防滑、无反光，在需要变化处可采用黄色、红色等易于识别的颜色。地面要避免凹凸不平，还要有良好的排水系统，以免雨天积水打滑。

图5-8　良渚文化村老年人健身中心

5）园务管理区

园务管理区的工作主要包括管理办公、生活服务、生产组织等方面的内容。

（1）交通上应该保障该区域的隔离性，设置独立出入口，既连接城市车行道，又要与园区的交通紧密联系。

（2）其位置在整个园区中可相对偏远，适当隐蔽，不要出现在风景游览的主要视线范围内。

6）服务设施区

服务设施区通常是作为其他区域的配套区域，以散点状分布在园区内。按照服务设施区服务半径的要求，每个公园均需确定整个园区需要几个服务区域，通常包括通信、急救、安全、生活、饮食、休息、问询、购物、租借、寄存等基础服务。

5. 综合公园的绿化设计

绿化设计在综合公园建设中起着关键作用，不仅能美化环境，还可以提升公园的生态价值。

（1）多采用乡土植物，对场地原有的植被要尽量保留。因为乡土植物为该地区原本生长的树种，对该地区的环境适应性强。也可适当栽植外地珍贵的、驯化后生长稳定的植物。

（2）根据地形、气候、城市条件、当地居民爱好选择适宜的植物。大乔木树荫下需要种植耐阴的植物，靠近水体的地段应选用耐水湿的植物，陡坡应有固土和防冲刷措施。

（3）要选择既有观赏价值，又能防虫防害的树种。既要注意单株植物的观赏性，又要考虑整体的观赏性，丰富园区内植物的层次感，用不同的种植方式排列植物，如进行丛植、列植、对植、孤植，让园区内植物的组合形式更丰富。此外，还需要注意植物的季相，要保证在不同的季节都有花可观赏。

（4）注意落叶乔木和常绿乔木的比例。通常来说，北方公园里的常绿树占 30% ～ 50%，落叶树占 50% ～ 70%。南方公园里的常绿树占比高达 70% ～ 90%。混交林可占 70%，单纯林可占 30%。

（5）对苗木进行管控，规定好苗木的种类、规格和质量，包括冠幅、胸径、分枝点高度、分枝数、株高、株数等信息，才能让苗木栽植后构成的景观效果更符合设计预期。

（6）植被区域前应留有观赏距离，特别是孤植或群植、丛植的植被，至少应设置一处欣赏点，欣赏点到植被的视觉距离应为观赏面宽度的 1.5 倍或高度的 2 倍。

6. 综合公园的水景设计

综合公园内部通常有非常丰富的景观类型，水景是综合公园中的一种景观小品。人具有亲水性，因此在综合公园中水景可吸引游客前往观赏互动。水景在综合公园中的表现形态非常多样化，通常分为动态水景和静态水景，也可分为自然水景和人工水景。动态水景通常是指流动的水体，如喷泉、瀑布、跌水等；静态水景通常是指池塘、湖泊等。天然水景通常是指在自然界中天然生成的水体，比如小溪、天然瀑布、涌泉等；而人工水景则是指人工在景观场地中修建的水体，比如人工水库、跌水、水井等。

1）静态水景的设计要点

综合公园中的静态水景，常见的有湖泊（见图5-9）、水景（见图5-10）。湖景通常位于公园中心，周边的其他内容都环绕着湖进行布局，形成环通式的交通结构。湖景是整个综合性公园的主要观赏点，可以合理地利用并加以设计，比如在湖岸边设计亲水平台，设置沿湖跑道等。应在水体沿岸设计多个观景点和观景平台，也可以考虑在湖中设置一些休闲娱乐活动，如划船、湖心岛观光等。

图5-9　寻梦牡丹亭实景演出园区的湖泊　　　图5-10　加拿大Ketcheson邻里公园路旁的水景

静态水景的外轮廓应与整个场地的设计形式保持统一。规则式公园应采用规则式的水景设计，水体的外轮廓应以几何形为主。自然式公园可采用自然式的水井，水体外轮廓常以流畅的曲线为主，驳岸以自然角度向水中倾斜，并搭配不同耐湿性的植物，形成自然式驳岸。

2）动态水景的设计要点

综合公园的动态水体通常依据地形布置在地形起伏较大的区域，通过地形的落差形成水体的自然动态，或依据人工设计的阶梯状地形形成跌水景观。动态水体通常伴随着丰富的视觉变化。在设计过程中，应考虑动态水景的流速和声音大小。通常水流都是伴随着声音的——

水流越急，声音越大；水流越缓，越能营造出潺潺流水的景观效果。声音较大的水景需要与静态区域隔开距离，否则会影响静态区域的游客正常交谈。根据景观需求来设计水体的流速和音量，通过控制动态水景的宽度、水底的粗糙度、落差高度、水量大小等，可以调节水体的流速和音量，可以对整个空间的营造起到画龙点睛的作用。

遗产博物馆花园中的 Heritage Flume 水景装置展示了当地历史、生态和园艺的发展，并已经成为遗产博物馆和花园乃至科德角最具标志性的存在（见图5-11）。水道的形式受到了当地历史悠久的磨坊的启发。基于这一概念，一条狭长的水道从树林间穿过，浅浅的水槽穿越树冠，为当地许多鸟类提供了丰富的水资源。末端从上而下形成瀑布，静水池和流水瀑布的搭配为游客带来适合冥想的场地（见图5-12）。

图5-11　遗产博物馆花园中的Heritage Flume水景装置

图5-12　遗产博物馆花园中Heritage Flume水景装置的动与静

7. 综合公园的园路

园路系统是串联公园各个分区和景点的交通纽带，也是构成公园景观的重要元素，根据《公园设计规范》（GB 51192—2016）的规定，园路的路网密度宜为 150～380 m/hm²。

综合公园的园路可按照等级进行分类，分类方式有很多种，可分为主路、次路、支路和小路四个等级；也可分为一级道路、二级道路、三级道路及专用道路。专用道路通常是指人类特意规划的道路，如登山步道、环形跑道、散步步道等专用道路。当综合公园的面积小于 10 hm²，可以只设置三级园路，即一级道路、二级道路和小径。

在综合公园中，走路是最重要的道路，也是尺度最宽、承载游客数量最多的道路。通常走路需要连接公园所有的主要区域、主要景点，在必要的时候也可通过主路进行消防疏散和园务管理。就综合公园而言，主路是可以同时作为消防通道去使用的，也可以单独规划独立的消防通道，减轻主路的压力。一般供消防车共同使用的主路能通车，在日常使用中可供游览车辆等通行。可通车的主路在设计中要求路宽一般为 4.5～8 m，坡度不大于 8%，中坡长度不宜大于 200 m。横坡在 1%～4%，不能完全趋于平坦。太过平坦的道路，不利于排水。路面铺装通常以沥青、混凝土等耐磨性好的材料为主。山地区域的主路次路纵坡应小于 12%，超过 12% 应做防滑处理，积雪或冰冻地区的道路纵坡不应大于 6%。

而次要道路则连接公园中各个次要景点。次要道路与主要道路相连接，它是公园中重要性仅次于主路的园路。可通车的次要道路宽度需在 4 m 以上，只能游客步行的次要道路根据人流量设置宽度。

支路和小路通在园区中是供游客散步的小径，通常只能步行，且宽度仅供 2～3 人并肩同行，有时可能仅供 2 人同行。在铺装上常为石板铺装或木板铺装，以增加步行的舒适性。

5.1.3　综合公园的设计原则

1. 尊重自然与生态

综合性城市公园给在城市中生活的人们提供了一个回归自然、亲近自然，进行休憩娱乐的去处。所以在设计综合公园的时候，对自然的重塑是首要任务。在设计中要注意保护自然环境，对已经被破坏的区域应该进行生态修复。通过植物的配置，结合地形气候让园区的生物多样化，从而丰富游客的游览体验。

2. 强调功能与实用

综合公园的游览者包括了全年龄段的人群。不同类型的游客，带着不同的游览目的进入园区。进行设计的时候需要根据不同人群的潜在需求，进行有针对性的设计，让园区的功能能够一一满足这些游客的需要，从生理、心理上挖掘游客的需要，并在园区的功能上一一对应，给游客宾至如归的游园体验。

3. 游客参与和互动

现代城市公园不仅能让游客游览景色、进行休闲运动，还进一步增加了游客的体验感。很多公园在园区内放置了互动性艺术装置，游客能和装置进行有趣的互动，成为园区的一道风景线。游客不再是园区里的外来者，而是成为园区景色中必不可少的一部分。互动性的景观让整个游玩过程更具有趣味性和创意性。甚至一些公园在园中引入智能设备，让游客自助游览体验。如重庆礼嘉智慧公园（见图5-13），在园区中使用无人驾驶观光车带领游客游览园区，游客可在手机上进行预约，自助乘坐，这样既分担了园区管理的压力，也增强了游客的体验性。

图5-13　重庆礼嘉智慧公园的无人驾驶观光车

4. 体现文化与艺术

综合公园需要体现当地的地域文化和时代背景下的文化特征，这样才能赋予公园地域性和时代性。综合公园不仅要注重功能的实现，还要满足游客的精神需求和审美需求，在设计上需要赋予公园艺术价值。对当地的传统文化进行深挖，再用艺术手法进行再设计，让其更具时代性。综合公园内由各个景观组成，每一处景观都应有其观赏价值和美感，才能直击人心。游客在观赏游览的过程中，与艺术达成共鸣，获得身心的放松。

5. 注重可持续发展

在进行公园的设计时也要关注到环境问题，不能给当地生态环境增加负担。因此要考虑到能源的可循环利用，减少场地内的废料排除，对场地进行系统的雨洪管理。对场地内拆除的一些材料适当地进行改造，让其可再次利用，从而增加利用率。布里斯托尔 Harbourside 公共区域原本是废弃的面积为 $6.6 \ hm^2$ 的前码头污染场地和煤气厂。设计方将其改造成充满活力的新街景、海滨散步区、公共开放空间和可持续城市排水系统（见图5-14）。可持续城市排水系统将雨水通过一系列管道、渠道和小溪，从建筑屋顶导流至港口，还可以灌溉植被。浮动的海港边缘芦苇在水进入港口之前过滤雨水和地表水。芦苇也为动物们创造了宝贵的栖息地，并为游客提供一个有活力的水边景观。

图5-14　布里斯托尔Harbourside公共区域

5.1.4　综合公园的案例分析：北京奥林匹克森林公园

1. 基本概况

北京奥林匹克森林公园位于北京奥林匹克公园北部（见图 5-15），占地面积约 680 hm^2。该公园作为奥林匹克公园的重要组成部分，是北京市最大的公共公园。该公园的地理位置特殊,北京城市的传统中轴线贯穿了整个奥林匹克公园。该中轴线连接了天坛公园、天安门广场、紫禁城、景山公园。因此，由于其重要的地理位置，北京奥林匹克森林公园的总体规划在满足奥运会场馆功能的基础上，也要给予北京城中轴线新的延伸，使其成为北京市民进行户外活动、亲近大自然的重要场所。该公园由北京清华城市规划设计研究院与美国 Sasaki 公司合作设计。

2. 设计理念

北京奥林匹克森林公园的整体设计主题被定为"通往自然的轴线"（见图5-16）。它所处的地理位置很重要，连接着代表城市历史，传承古老文明的城市古建筑、名胜古迹，同时也连接着磅礴大气的森林自然生态系统。该公园位于中轴线的北端，起到了一个过渡带的作用，它让这条象征中国古老文明的中轴线逐渐融于自然山水之中，以丰富的生态系统、壮丽的自然景观完美地为这条城市中轴线收尾。

图5-15 北京奥林匹克公园规划

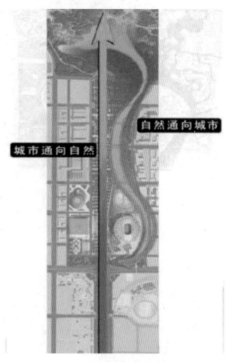

城市通向自然

自然通向城市

图5-16 "通往自然的轴线"示意图

北京奥林匹克公园除了要保证奥运赛事活动的需要外，还需要建设成一个多功能的生态区域。它是来往北京的代表团、运动员以及游客的山水休闲公园，代表着中国的情调和文化并向外宾展示中国的风貌。因此，要创造符合中国文化气质的景观格局，使该公园成为具有文化与历史代表性的人文景观。它传承中华民族文明优秀而深厚的传统，以山水为格局形成开阔豁达的宏观控制体系，又兼具中国传统人文审美与现代公园的活力，与中华传统人文精神紧密结合，同时与世界先进文化发展遥相呼应。

此外，在奥运会结束后，北京奥林匹克公园作为北京市民休闲娱乐场所对改善北京生态环境、完善北部城市功能、提升城市品质，都起到了重要作用。由此将北京奥林匹克公园的功能定位为："城市的绿肺和生态屏障""奥运会的中国山水休闲后花园"和"市民的健康大森林和休憩大自然。"它混合了三大设计理念，即绿色、科技、人文，并在整个规划中将其贯穿始终。

3. 设计亮点

1）生态廊道

基于绿色生态的设计理念，该公园在进行设计的时候，充分考虑了竖向设计、水系、堤岸、种植灌溉、道路断面、声环境、光环境、生态建筑、绿色能源景观、湿地高效生态水处理系统等方面，同时也考虑了绿色垃圾处理系统、厕所、污水处理系统、市政工程系统等方面。为了保障五环南北两侧的生物系统联系，提供物种传播途径，维护生物多样性，因此设计了中国第一座城市内跨高速公路的大型生态廊道（见图5-17）。

图5-17 北京奥林匹克森林公园的生态廊道

该生态廊道外形似一座桥，横跨南北。生态廊道上种植了乔木、灌木等各种植被。南北两个区域的生物可通过桥自行往来，增加了交流。该廊道长200余米。桥体宽度为60～84 m不等，在林中还设计出了一条宽为6 m的道路，可供行人和园内小型车辆通行。

2）龙形水系

公园在自然山水的形态中勾勒出一条奥运中国龙，这条中国龙由主要的湖景与中心区域曲线形的水系构成（见图5-18）。龙形水系的龙头部位即森林公园的"主湖"景区。它位于公园南半部居中的位置，与主山景区共同构筑森林公园中最为壮美的自然山水景观。"主湖"奥海的面积达24 hm^2，是整个公园中最大的集中汇水面。背靠的"主山"高度约为48 m，同时东部及东北方向分别与现状公园的曲线形水系相连，形成湖、湿地、河渠等形式多样、景观丰富的水景效果。

图5-18 北京奥林匹克森林公园的水系

3）"天境"山顶观景平台

与水体相互呼应的是整个公园中的山体设计。北京奥林匹克公园的山体绵延磅礴，以势取胜，与蜿蜒曲折的水体形成鲜明的对比。在奥林匹克森林公园中，最著名的景点就是"天境"山顶观景平台（见图5-19）。设计团队认真地听取了各方意见，对许多古典园林进行了大量的研究和研讨，由此设计出"天境"景观。这一观景平台十分自然，游客可以停留回望"主湖"景区及中轴线，也可以驻足游玩休憩。最高峰下东、西两侧山体顶部各设置一处平地，这两处也有良好的景观视线，可以鸟瞰"主湖"和中心区景观。在主轴线的湖中设一处湖心岛，该湖心岛与"天境"平台处在同一中轴线位置，两者遥相呼应。该平台秉承天净的雄阔与天人合一的理念，形成一处圆形的聚集广场延伸至水面，伴随歌舞表演，夜间的灯光艺术装点，形成了一处亮丽的景观。

图5-19　奥林匹克森林公园的"天境"山顶观景平台

4）景观湿地

北京奥林匹克森林公园原低洼地区里拥有较好的植被、地形和水体条件，在设计过程中对这些物质进行充分的利用和保留，对原本生长的植物进行了保护，形成了该公园中的景观湿地。在湿地内种植各类湿地植物，能够营造一个惬意而休闲的生态自然环境，同时也能使游客在游览的过程中可以接触各类湿地植被，了解其生长特性及生态功能，从而达到教育展示的目的。该景观湿地在功能上大致可分为三个区域：温室教育示范区、浅地生物展示区和参观游览区域。其中根据湿地植物的自身属性，可将湿地生物展示区分为：沼泽区、浅水植物区、深水植物区以及混合种植区。不同生长习性的湿地植物也能够吸引不同的微生物，让该区域形成多样化的生态环境。

4. 案例小结

北京奥林匹克森林公园因其重要的多重身份，在设计初期，设计团队就充分考虑其不同时间、不同阶段的不同属性，并对公园的用途做了长远的规划，分析公园的需求，并进行了细致入微的设计。在设计过程中，设计单位制定了科学的工作体系，为实现设计目标，充分地考虑到各种设计细节，如生态系统、植物群落、文化属性等方面，由此才能设计出既能体现中国传统园林意境，又能将现代景观建筑技术和环境生态科学技术完美结合的综合公园。

作业与思考：

1. 搜集一个现代城市综合公园的案例，并进行详细的案例分析。
2. 对综合公园的平面布局图进行临摹，自选素材，画在一张A3尺寸的纸上。

5.2 历史名园

历史名园中保留着物质景观和非物质景观，其中包括历史建筑、文化遗址、植被、水体等要素，在功能上也具有一定的独特性，不仅见证了城市的发展脉络，而且肩负着传承历史文化的使命，同时也在教育、科研等领域也有不可替代的价值。

5.2.1 历史名园概述

1. 历史名园的概念

历史名园的概念通常有两个含义，第一个是曾经在历史上存在过，见于史书记载的园林而如今已经不复存在了；第二个是指现在还存在着的古典园林，比如北京的颐和园、北海公园、景山公园、苏州园林等。

历史名园一词在《城市绿地分类标准》（CJJT 1985—2017）和《公园设计规范》（GB 51192—2016）中是这样定义的：它是体现一定历史时期代表性的造园艺术，需要特别保护的园林。历史名园的内容应具有历史原真性，并体现传统造园艺术。

2. 功能

1）传承城市历史文化

一个城市的历史文明，随着时代的发展，有一些已经逐渐消失了，剩余的那些我们应该进行科学合理的保护。对于历史文化建筑、历史名园，应该妥善地修缮，保留下来，供游客参观游览，实现传承城市历史文化的目的。人们进入园区中游览，可近距离地观赏了解名胜古迹，感受历史文化，换一个角度了解这座生活多年的城市，它有着怎样的文化底蕴，然后通过游客将这些文化特色传播出去，形成城市印象。

2）历史文化和爱国主义教育基地

城市公园具有文化属性，可作为精神文明建设和科研教育基地。对于历史名园来说，这方面的职能会更加突出，主要表现在历史文化知识的灌输上。可将园区内的古建筑等作为展览馆、博物馆向游客科普和展示有关当地的历史、文化的知识和信息。园内的名胜古迹是历史文化的载体，能够给人更直观的感受。通过游览，人们不仅可以了解当地的文化特色，还可以直接体验中国古老的文明、悠久的历史，从而激发爱国热情。

3）具有历史研究的价值

历史名园是我国重要的历史文化遗产，它是数千年积累的文化精髓，而它的文化又恰恰是其他城市绿地所无法超越的。历史名园的历史人文价值，代表着对过去文明的珍视和传承，提供了多样化的城市绿地形式。

古建筑和历史名园具有较高的历史研究价值。它代表了一个时代的建筑风格、园林特色，我们可以从中了解到当地园林发展的脉络和过程。在一些历史名园中，有学者和科研人员成立了研究站、研究中心，对古建筑进行考察和研究，这对历史的还原、古建筑的保护与修缮能起到至关重要的作用，也对今天的园林设计、建筑发展等都有不可替代的参考价值和指导意义。

4）提升城市文化形象

每个城市都有自己的文化特点，而历史名园就像这座城市的形象名片一样。如北京的颐和园、杭州的西湖、苏州的狮子林（见图5-20），当人们一提及这些古典园林时，会不由自主地和城市联系起来。因此，历史名园可以提升城市的文化形象。每个地区的造园手法、风格、古建筑特点都各不相同，因此，我们可以通过当地的历史名园了解到该地区的风格特点，也让不同的城市从文化上能够形成区别和差异性，为当地的文化差异性研究提供了游览价值和研究价值。

图5-20　苏州狮子林景区

3. 特点

1）文化性

文化性是历史名园区别于其他城市绿地的最主要的特征之一。它体现着当地的文化、该时期的造园风格以及某一个历史阶段的样貌。中国古典园林是中国古典美学、哲学、文学艺术、建筑学等浓缩而成的精华，拥有无可替代的历史、文化、艺术、科学的价值。

作为中国造园艺术的巅峰之作，历史名园除了能反映园林发展的特点以外，还能充分地体现园主的品格、政治经济地位以及其所需要的情趣和哲学。所以，历史名园也是一定时期的历史文化、地域民族文化的浓缩。

2）功能性

古典中式庭院讲究宅院一体，因此，在园林中建筑的占比非常大，这也是历史各阶段比较重要的一个特征。建筑和花园是不可分割的，它们相辅相成，成就了古典中式园林。这个特征不仅体现在皇家园林中，在私家园林中也是如此。古人造景不仅是为了欣赏，而且需要在这些景致中进行各种各样的活动，如吟诗、交流、作画、书写、宴请、戏剧表演等。古典园林的各个部分也皆有其各自的功能，不仅能体现主人的个人品格修养，还可以满足休憩娱乐等功能。

3）动态性

当你走进一处历史名园中会发现目光所及之处，皆有不同的景致，随着园林的空间序列向深处走去，就会有一种中国古典园林移步异景的体验。这就是历史名园的动态性。历史名园通过园林造景手法，如借景、点景、框景等，打造出不同层次的园林景观。园林中常见的景观有植物、亭台楼阁以及水景等。通过四季变化的植物以及动态的水景，连通全园，会给人更强烈的动态感。

5.2.2　历史名园的设计原则和要点

1. 设计原则

（1）历史名园在规划时，应与土地规划、区域规划、城市总体规划、土地利用总体规划等上级规划相互协调衔接，因地制宜，突出该历史名园的特性。

（2）根据场地资源特征、环境条件、历史情况、现状特点等统筹兼顾，综合安排。

（3）应保护自然与文化遗产，对有损坏的建筑及时合理地进行修缮。

（4）维护生物多样性和生态良性循环，防止环境污染。

（5）权衡历史名园中环境、社会、经济三方面的综合效益，平衡好历史名园发展与社会需求之间的关系，促使该园区有度、有序、有节奏地持续发展。

2. 设计要点

（1）在对历史名园进行设计的时候，应先对场地的现状进行分析。从以下五个方面分析场地现状：自然和历史人文特点；各种资源的类型、特征、分布及其多样性分析；资源开发利用的方向、潜力、条件与利弊；土地利用结构布局和矛盾的分析；历史文化建筑的保护与修缮。通过对以上情况进行分析，可得出该公园的优势、劣势、机遇、挑战四个方面的情况，这将对历史名园的进一步设计产生指导性的意义。

（2）对场地中的建筑资源、名胜古迹等进行资源的评价。从资源本身的观赏价值、独特性、规模、历史价值、文化价值与科学研究价值等几个方面进行分析与评价，然后根据分析评价的结果决定它们在整体规划中各自的角色。对独特或特别稀有的景观资源，需要采取单独的保护措施，如设置栏杆，防止游客近距离触碰造成损毁。对于目前还不能进行修缮的历史建筑，可将它划入园区中暂不开放的区域，以免游客进入对其造成进一步的损害。

（3）由于历史名园中多为名胜古迹，其具有珍贵的文化价值和稀有性，所以在整个园区中一定要尽可能地完善抗洪、排水等防灾措施，以免园区排水不畅，对名胜古迹造成不良影响。尽可能地在规划中遵循海绵城市的设计理念和原则，将自然途径与人工措施相结合。可利用园中原有的水系"以蓄带排"，使园区内的雨水得到最大限度的积存、渗透、净化和再利用，实现整个历史名园的生态性。

（4）对需要保护的对象与因素实施系统控制和具体安排，使被保护的对象和因素能长久地存在下去，或能在被利用中得到保护。这使被保护的对象和因素的价值增强。

（5）因历史名园原本主要是作为私人领域去使用的，当它作为公共区域时，在基础设施上可能会有所欠缺，所以在进行规划时，需要加入旅游基础设施。根据当地的游览设施现状以及游客量，来估算整个场地中所需的游览设施。需要添加如公共厕所、公共休息区、照明系统、垃圾回收等设施。

（6）作为一个公园，还需要有一些基础工程的规划。如周边的交通道路、邮电通信、供电、能源等情况也需要考虑进去。在发生重大灾害时，也需要有一定的防灾措施，如进行防洪防火、抗灾、环保、环卫等工程规划。在进行规划时，注意不得损坏景观和历史文化建筑，要与整个景区的资源相互协调、相互配合来进行规划。

5.2.3 历史名园的案例分析：留园

历史名园留园

1. 案例基本概况

中国古典园林体系主要分为北方的皇家园林和南方的私家园林，而苏州的留园则是南方私家园林中的代表，它与苏州的拙政园（见图5-21）、北京的颐和园（见图5-22）、承德的避暑山庄并称全国四大名园。留园于1997年被列入世界遗产名录，其占地面积为23 300m^2，建筑面积占总面积的1/3，庭院变换多样，能让人"不出城郭而获山林之趣"。

图5-21　苏州的拙政园　　　　　　图5-22　北京的颐和园

留园中的建筑空间处理精湛，造园手法多样，构成了有节奏、有韵律的园林空间体系。该园分四个部分（见图5-23），东部以建筑为主，中部以山水花园为主，西部是土石相间的假山，北部则是田园风光，游客可以在整座园林中领略到四种不同的风光。中部以水景见长（见图5-24），是全园的精华水所在；东部以曲院回廊的建筑为亮点，有著名的佳晴喜雨快雪之亭、还我读书处、冠云楼等十多处斋、轩；北部则聚农村田野风光，并有一处盆景园；西部是全园最高处，以假山为主，富有野趣，堆砌自然。

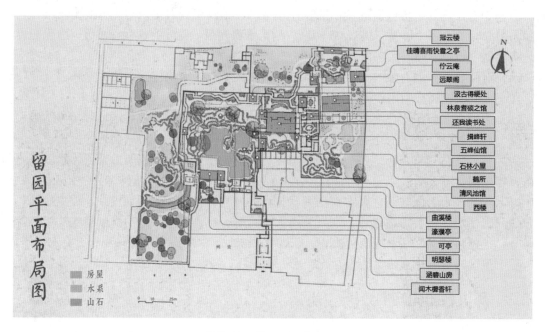

留园平面布局图

房屋
水系
山石

0 10 25m

冠云楼
佳晴喜雨快雪之亭
伫云庵
远翠阁

汲古得绠处
林泉耆硕之馆
还我读书处
揖峰轩
五峰仙馆
石林小屋
鹤所
清风池馆
西楼

曲溪楼
濠濮亭
可亭
明瑟楼
涵碧山房
闻木樨香轩

图5-23　留园平面布局图

图5-24　留园水景

2. 景观亮点

1）空间序列

留园占地面积较广，空间组成较为复杂。在整个园林中，运用大小、疏密、开合等对比手法，使游览路线具有抑扬顿挫的节奏感。设计者运用造园手法构成不同的空间形式，引导人们从一个空间走向另一个空间，移步异景，整个游览过程都充满了情趣。留园的入口部分封闭、狭长、曲折、视线极其收缩，自绿荫处豁然开朗，使人惊叹不已。穿过西楼时空间再度收缩，至五峰仙馆前又稍稍开阔。穿越竹林小院，视线又一次被压缩，至冠云楼前院则又顿觉开朗。通过对空间关系的梳理，让整个观光过程富有节奏感（见图5-25）。

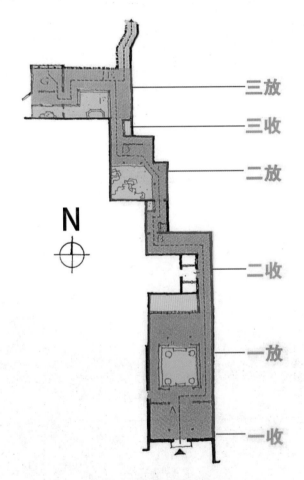

三放

三收

二放

N

二收

一放

一收

图5-25 留园的空间序列示意

2）理水

中国传统园林的水景处理被称为理水，而留园的理水则极具代表性。从园区整体的平面图来看，留园的水系特征为以块状、带状、点状的形式分布在整个园林当中（见图5-26）。块状水池位于留园中心部位水面宽阔平静，让人心情静谧豁达（见图5-27），是全园的精华所在。带状水池可以塑造园林空间具有动感，缓缓流淌，引导着游客的视线，更显出一份生机与活力。点状水池则起点缀作用，常有画龙点睛的效果。

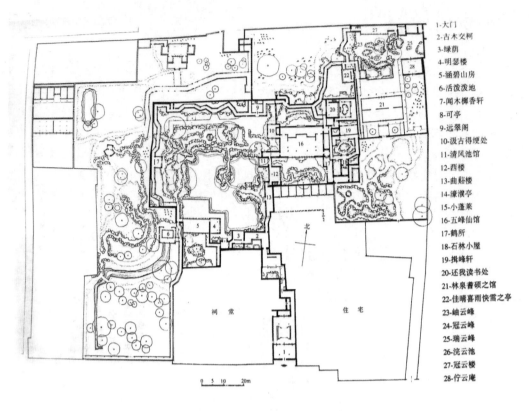

1-大门
2-古木交柯
3-绿荫
4-明瑟楼
5-涵碧山房
6-活泼泼地
7-闻木樨香轩
8-可亭
9-远翠阁
10-汲古得绠处
11-清风池馆
12-西楼
13-曲谿楼
14-濠濮亭
15-小蓬莱
16-五峰仙馆
17-鹤所
18-石林小屋
19-揖峰轩
20-还我读书处
21-林泉耆硕之馆
22-佳晴喜雨快雪之亭
23-岫云峰
24-冠云峰
25-瑞云峰
26-浣云池
27-冠云楼
28-伫云庵

图5-26 留园理水分析图

图5-27 留园的水池

3）建筑

留园的建筑分布形式极具特色。建筑分布上极不均匀，有些地方稀疏，有些地方则十分稠密，对比非常强烈。建筑整体在园区中所占比例较大，主要集中在东部区域。在空间的关系处理上则十分巧妙。留园东区建筑的内外空间交织穿插，使人有应接不暇之感。其建筑别具一格，收放自然。建筑空间变幻无穷，疏密有致，虚实相间。园内蜿蜒的长廊约为 670 m（见图 5-28），漏窗 200 余孔（见图 5-29），让建筑与周边景观的关系相互通透，在视线上连接得更紧密。

图5-28　留园的长廊

图5-29　留园的漏窗

3. 案例小结

苏州留园在造园中注重山水写意，平面布局自由流畅、疏密有致。水体绿化及亭台楼阁坐落其中，布局精巧。建筑与廊道随意在园区中穿插，与景观相互呼应，不仅对人流起到了引导性作用，还加强了全园的整体性与随意性。整个园区的空间序列变化多端，让游客在游览的过程中不易产生审美疲劳。通过欲扬先抑的手法，加强了空间的节奏感，更加突出了园内的主要景点。

作业与思考：

1. 查询苏州拙政园的相关资料，并进行景观分析。
2. 总结历史名园的设计要点和注意事项。

5.3　儿童公园

建设儿童公园的目的是创造丰富多彩的户外儿童活动空间，使儿童在户外活动中接触大自然，锻炼身体，增长知识，健康成长。在儿童公园的设计过程中，因其使用群体特殊，所以需要对儿童的心理、生理、行为特征充分了解，才能设计出充分符合儿童各阶段成长特征的活动场所。

儿童公园

5.3.1 儿童公园概述

1. 儿童公园的定义

儿童公园是指供学龄前和学龄儿童进行游戏、娱乐、体育活动、文化科普及教育的城市专业性公园，且儿童公园具有安全完善的公共设施，是城市公园中专类公园的一种重要类型。我国的儿童公园的发展是从 1949 年以后开始进行探索的。许多综合类公园中有可供儿童活动的单独区域，如广州大鱼公园的儿童活动区域（见图 5-30），但在使用中可能会出现成人和儿童互相影响的情况，甚至有的儿童区域和成人的健身器材区域混合布局，导致场地秩序比较混乱。如今各大城市开始陆续建设供儿童单独使用的独立儿童公园，主要是以儿童游戏、运动、休憩为主要功能的城市绿地。

图5-30　广州大鱼公园的儿童活动区域

2. 儿童公园发展中的问题

（1）将儿童设施和成人设施混合摆放，儿童区域的独立性和安全性很难得到保障，相互之间的干扰较大，影响两者的游玩体验。

（2）儿童公园的设计手法单一，器材设施多为批量化生产的儿童娱乐设备，缺乏能让儿童发挥创造力和开拓精神的场所和器材。

（3）部分儿童公园对儿童的心理、生理特点认知不足，存在尺度不当、围护设施不安全、边界设置不当、无法吸引儿童等问题。

3. 儿童公园的功能

1）生态功能

儿童公园作为城市绿地的一种形式，它首先具备生态功能，可以起到美化城市环境、提高城市绿化率、调节小气候、调节湿度、防风降噪、净化空气等作用，在儿童的成长中给予他们更多的接近大自然的机会，能够呼吸到新鲜的空气，接触绿化植被。

2）娱乐功能

儿童公园，为家长和儿童提供了一个安全舒适的游览活动环境，儿童可以在公园中开展各种户外活动。儿童公园内针对儿童的心理特征和生理特征以及儿童的行为习惯，设计了具有吸引力和趣味性的功能分区，可以让儿童和家长在其中进行亲子活动，如阿那亚儿童农庄的山海乐园亲子互动游戏水车，如图 5-31 所示。

图5-31　阿那亚儿童农庄的山海乐园亲子互动游戏水车

3）科普文教功能

儿童正处于一个不断获取信息的年龄阶段，他们在不停地成长。在儿童成长过程中进行户外活动时，可以从这些活动中汲取许多知识。他们在公园进行游览时，可以通过感官系统感知到周边环境的变化，认识更多的动植物。他们通过与周边环境的互动来学习知识、探索自然。因此，在儿童公园的设计中，应该注重履行文化信息的科普，让儿童在游览中也能够认识世界、了解自然。如在布拉格动物园中，设有供儿童参观的动物粪便展览，展览中有可以互动的环节，让儿童在游园的过程中了解到平时不易注意的事项，满足了儿童的好奇心，让游览更有收获。

宁波芝士公园（见图 5-32）通过重力塔、重力拉索、体重吊环等多种与重力相关的力学游戏器械，让孩子们体验失重、超重、离心力、向心力、自由落体、能量转换、摩擦力等各种力学知识的存在。设计方甚至还尝试通过漩涡状的铺装及特定的体验点模拟引力场的感受，将高深的知识也变得直观、可以直接体验。

图5-32　宁波芝士公园

5.3.2　儿童公园的设计原则和要点

1. 儿童心理、生理、行为分析

1）儿童的心理特征

儿童的心理特征是根据儿童年龄的变化而不断变化的，不同年龄的儿童感兴趣的事物是不同的。随着年龄的增长，儿童也会经历不同的敏感期。人类的儿童阶段是心理发展最旺盛、变化最快、可塑性最强的阶段，在这个阶段，儿童对环境的需求存在物质与精神两个层面。而精神层面也就是心理需求，主要表现在以下四个方面：好奇心、表现欲、社会性和兴趣感。

（1）好奇心会促使儿童对外部世界有强烈的探索欲望。儿童会迫切地希望去体验、感受一切新鲜事物，亲身参与到互动中去，从实践中得到成长。

（2）在儿童探索世界的过程中，自我意识逐渐觉醒，随之而来的就是表现欲越来越强。在这个过程中，儿童会乐于尝试挑战，通过不断征服环境来培养自信。在儿童乐园的游玩项目设计中，应充分利用这个特点，设计适当的、具有挑战性的内容，激发儿童的游玩兴趣。

（3）儿童在参与公园活动的过程中，会与其他儿童或者成人进行交流，参与到社会交往的过程中去。这不仅可以提高儿童的社交能力、表达能力，而且为以后融入社会发展做好准备。

（4）兴趣感是儿童深入学习某项事物的核心动力，好奇心能推动儿童广泛地尝试，但兴趣能让儿童对某项特定的活动和事物不断摸索探寻，对儿童的深层学习能力具有极其关键的推动作用。

2）儿童的生理特征

在进行儿童公园设计时要迎合儿童在成长过程中的发育特征。

儿童从出生起，就会借着听觉、视觉、味觉、触觉等感官来熟悉环境、了解事物。1～2岁儿童逐步掌握行走技巧，并开始到处走动；2～3岁的儿童尝试跳跃和攀爬，并热衷于翻越障碍的复杂行为。3岁前，儿童通过潜意识的"吸收性心智"吸收周围事物。从2岁起儿童开始进入空间敏感期。儿童通过物体的位置、运动方式、视线的变化来探索空间，他们由此得到空间感，形成空间概念。3～6岁则更能具体地通过感官分析、判断环境里的事物。在生活中随机引导儿童运用五官感受周围事物，尤其当儿童充满探索欲望时，只要是不具有危险性或不侵犯他人他物时，应尽可能满足儿童的需求。直至学龄期儿童，其思维能力和运动能力都会大大提高，可独立进行足球、羽毛球、篮球、游泳等运动。这个年龄段的儿童在独立性增强的同时，团队意识也有所增强，可进行一些团队性的合作活动。

在进行儿童公园的设计时，要考虑儿童的独立活动、集体活动多种场景，以及儿童和家人共同进行的亲子活动场景。对于不同年龄段的儿童，也应对其活动场地的范围进行限制。婴幼儿的活动范围局限在父母周围；学龄儿童的活动范围可扩大到半径300～400 m；而12岁以上的儿童，其活动范围可延伸至1 km。

3）儿童的行为特征

（1）同龄聚集性。儿童不同年龄段的行为习惯、兴趣相差较大，因此游戏形式也相差较远，同年龄段的儿童更容易产生亲切感，也更容易聚集在一起进行活动。低年龄段的儿童偏向于动作简单、规则随意、意图直观的游戏；而大龄儿童倾向于有一定挑战性、竞争性的游戏。

（2）时间规律性。儿童的活动高峰期通常是春、秋两季。春天和秋天气候适宜，环境变化较稳定。因为儿童处于生物钟形成的阶段，所以他们的作息较为规律。通常儿童有午睡的习惯，午间儿童的户外活动量极大地减少。清晨和傍晚是儿童集中进行户外活动的时间。这两个时间段内太阳的照射都较为柔和，气温适宜，适合儿童进行户外活动。

（3）自我中心与合群需求。在儿童时期，通常处于以自我为中心和渴望社交的矛盾中。一方面，他们主要接触的人群为自己的家人，在家中能得到所有家庭成员的关注，因此他们可能有以自我为中心的行为特点；另一方面，儿童又希望能够结交到新朋友，从而初步产生社交需求。因此，他们处于自我中心和合群需求的矛盾之中，在进行儿童公园的设计时，都应该考虑到两种特征，既要给儿童提供独立的游玩区域和亲子活动的游戏，又要为他们提供设计场所，安排合作类游戏。如麦考金利社区公园（见图5-33）就给儿童提供了这样的机会，儿童一起"做饭"，一起搭树枝，一起"售卖"，一起劳动，一起合作，活脱脱是一个"小社会"。

（4）行为惯性。儿童的游玩活动是伴随着行为惯性的，他们通常会因为兴趣而规律地重复某种游戏或活动。在低龄儿童中表现为他们会反复玩同一种游戏设施。而稍大一点的儿童则表现为与固定的玩伴玩耍，或在一个群体中固定地扮演某种角色。这种特征在不同年龄段的儿童中的体现会有所不同。

2. 设计原则

1）安全性原则

与其他专类公园和综合公园相比，儿童公园对安全性的需求比较高。从儿童公园的选址以及各种设计细节上，都应该体现出安全性原则。只有整个园区都处于一种安全的氛围，儿童才能够真正地获得安全感并身心放松地投入到游玩中，才能打开感官系统，专心地去体验游戏，感受大自然。因此，需要注意整个园区中所用的材质是否安全环保，园内配置的植物是否无毒无害等各种情况。同时也应考虑儿童的活动习性、身体尺寸、心理状态是否与园区中的活动安排相适宜。另外，还需要将监护人的陪同也考虑到设计需求中，使监护人能够随时注意到儿童的活动情况，保障儿童的安全。

图5-34所示为悉尼伊恩波特儿童野趣游乐公园的家长陪护区。

图5-33　麦考金利社区公园儿童种植体验活动区

图5-34　悉尼伊恩波特儿童野趣游乐公园的家长陪护区

2）趣味性原则

儿童进行户外活动需要有一定的趣味性，并且趣味性能够使儿童反复地选择此项活动。

趣味性是儿童进行户外游玩的动力之一。在进行儿童公园的设计时，应通过多变的色彩、灵活的空间、丰富的娱乐设施和独特的造型等元素，让儿童感受新鲜与乐趣。可设计一些具有挑战性的项目，如攀登、钻爬、翻越、维持平衡、比拼类的项目。如包头万科中央公园（见图5-35、图5-36）里坡玩、沙玩和水玩交织融合的儿童乐园，既可以锻炼儿童的体能和身体素质，又可以让儿童在游玩的过程中进行竞争。富有趣味性的设计有利于保持儿童对公园的热情，更好地引导儿童参与到户外活动中。

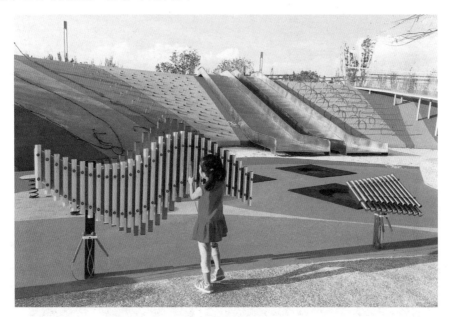

图5-35　包头万科中央公园的坡玩与沙玩区域

图5-36　包头万科中央公园的水玩与沙玩区域

3）丰富性原则

儿童公园中应保持活动内容的多样性和设施的丰富性，以及活动的空间和地形（见图 5-37），都应是多种多样的，这样才能更好地吸引儿童参与到户外活动中来。如果活动过于单一，场景过于简单，对儿童的吸引力就会迅速降低。儿童很容易对一成不变的场景感到厌烦，导致其不愿意进行户外活动。设计师也可以适当地提供一些自由度高且富有创造性的场地，让儿童发挥想象，自由安排活动，从而训练儿童的想象力，给予儿童更多探索的空间。

图5-37　场地地形示意

3. 设计要点

1）安全性设计

（1）儿童公园首先应远离机动车道，园内不能有机动车辆等随意穿行，在儿童公园位置的选择上，不能靠近人员构成较为复杂的区域。

（2）儿童公园内的铺装应采用防滑、耐磨损、不易变形的材料，并设置合适的坡度进行排水。公园中避免出现锐利的、突出的尖角或易绊倒的地面凸起，而容易碰撞的位置，特别是呈直角转折的区域，应用软性材料包裹。

（3）场地超过 0.7 m 的高差，需要设置安全护栏。栏杆高度应不小于 1.05 m，尽可能采用垂直式，避免儿童攀爬。场地中栏杆的间隔宽度应为 90～225 mm，这样可以避免儿童卡住头部。场地中的小型孔洞，容易卡住手指和脚趾，也应杜绝。

（4）场地中的植物配置首先应具有安全性，不宜选择坚硬、尖利的植物，更不宜选择有毒或易致敏的植物。

2）空间的设计

儿童活动的空间类型较为多样，针对不同的功能应有不同的设计，尽量避免封闭式空间，可采用半封闭式空间、半开敞式空间和开敞式空间三种。

（1）半封闭式空间。半封闭式空间有比较明确的边界围合，容易形成环形的游戏场所，且空间的连续性较好，界线清晰，适合儿童在里面进行富有挑战性和创造性的活动，也可在半封闭空间中进行环境的探索，满足儿童的好奇心和求知欲（见图5-38）。

图5-38 长春拾光公园的儿童活动区域

（2）半开敞式空间。半开敞式空间是在一定范围内不完全封闭。空间界线较为模糊，通常采用软性材质进行空间的分割，如用水系、假山石（见图5-39）、植物和铺装等。半开敞式空间虽然会限制儿童的活动范围，但儿童在心理上却感觉很自由。

图5-39 加州海滨小城城市公园的探索山丘区域

（3）开敞式空间。开敞式空间没有明显的界线和出入口的设计（见图5-40），视线非常通透，便于家长管理。场地平整开阔，儿童在其中可自由活动。但开敞式空间的安全性也弱于前两种空间，所以开敞式空间通常会设置在公园的内部或中央，以隔绝园区外围可能出现的影响因素和不安全因素。儿童可以在开敞式空间中放风筝、追逐玩耍、捉迷藏等。开敞式空间可以适当地使用低矮灌木或地被植物做隐形的空间限制。

图5-40　长春水文化生态园的艺术剧场

3）地形的设计

适合于儿童游玩的地形，通常是丰富多变的，因此儿童公园的地形设计应设计得高低起伏，可以供儿童打滚、攀爬、翻越、滑行等。复杂的地形能增加儿童公园的趣味性，但也无须在原场地上做太大的改动，可以利用原场地的地形变化进行设计，当原场地地形平坦开阔，可以设计多种不同类型的运动空间，如篮球场、羽毛球场等；当原场地比较陡峭时，则可利用斜坡设计滑梯和攀爬墙。原场地有向下凹的低洼地形时，可以利用其设计下沉水景和亲水平台。

4）水体的设计

人是具有亲水性的。在儿童公园中，水景也可以激发儿童的活力和兴趣，增加公园的自然生态气息，同时也能使儿童的游玩活动更加多样化。儿童公园中的常见互动型水景为涉水池、旱喷泉等。

张唐景观设计公司设计的成都云朵乐园项目就是一个以水景为主要概念的儿童公园（见图5-41）。公园中，儿童活动功能和对水的环境教育功能互相结合，形成一个寓教于乐的场地。它既是一个有趣的儿童公园，又是一个露天的自然博物馆。水的各种形态及汇集形式，云、雨、冰、雪以及溪流、河道、池塘、旋涡等都被巧妙地结合在活动场地和节点设计中，形成跳跳云、互动旱喷广场、曲溪流欢、涌泉戏水池、冰川峡谷镜面墙、雪坡滑梯、旋涡爬网这些独特的活动场地。"旱喷广场"（见图5-42）让水的灵动触手可及。设计师在旱喷泉中引入了机械动力装置，当踩踏踏板时，喷泉便会喷射而出，儿童便可在水流间嬉戏玩耍，人与人、人与自然之间的互动随之产生。

图5-41　成都云朵乐园鸟瞰图

图5-42　成都云朵公园的旱喷广场

　　从旱喷泉中喷出的水汇聚在广场中央，顺地形流淌，自然形成一条蜿蜒曲折，可以充分接触体验的溪流（见图 5-43），不仅营造了"曲溪流欢"之景，也可用作消防通道。"曲溪流欢"形成的溪流在"山脚下"的平坦处汇集成一个浅浅的小池塘，儿童可以安全地进入其中玩耍。池塘中有 7 个小涌泉，分别对应不同的触控开关，开关集中设置在涌泉旁的大石台上，可供游玩者自行控制涌泉的开和关。为了更全面地展现水的形态，项目还设置了以旋涡为灵感的定制游乐设施,包括爬网、滚轴滑梯、激光阵、树屋等。爬网取形于麓湖吉祥物"鹿之角",儿童在其中玩耍时会感到很愉快。

图5-43 成都云朵公园"曲溪流欢"

5.3.3 儿童公园的案例分析:艾格公园

1. 基本概况

艾格公园位于德国古城埃尔福特市(见图 5-44),它由奇利亚斯堡要塞改建而成,是德国最大的花园之一。

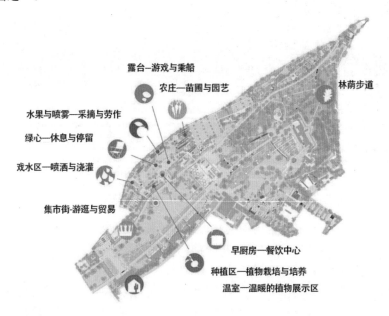

图5-44 艾格公园平面布局

奇利亚斯堡要塞在 20 世纪 20 年代曾被短暂地作为公园使用，1959 年要塞及周边地区改建成园艺和展览公园。两德统一后，艾格公园成了德国最美丽的公园之一，占地 5.4 hm²。园中最耀眼的标志就是欧洲最大的由各种植物装饰的花床，它展示了 150 000 种春季开花的植物和夏季繁茂的灌木。2014 年，埃尔福特市决定对艾格公园进行改造，作为 2021 年联邦花园展的预热。在以"游戏及体验世界"为主题的全德设计竞赛中，雷瓦德景观建筑事务所以"园丁王国"为主题设计并参赛，夺得竞赛第一名。这个设计方案的概念主要展示埃尔福特古老的园艺传统，展现一个园丁的工作——从播种到收获。每个区域都有不同的对象，展示出一年的劳作过程，让儿童走进这个公园中能够亲身体验蔬果的一生和园丁的生活。该方案采用了手绘的表达形式（见图 5-45），用儿童的视角来描绘整个公园，并将这种扁平的手绘风格直接投射到方案中，把设计师笔下童话般的世界呈现在孩子面前。这种风格更贴近儿童的审美，更容易被孩子接受。

图5-45　设计师手绘艾格公园概念图

2. 景观亮点

1）文化的融合

在艾格公园的入口处，设计师选择了在铺装上做文章。埃尔福特自中世纪以来就是重要的商贸区域，运输货物的马匹和车辆络绎不绝。因此，从园区门口到游戏区域的路边布满植物及工具图形印花（见图 5-46），其灵感来源于当年从马背上落下的商品（见图 5-47）。从这里开始，儿童将在色彩缤纷的游戏世界中了解农业生产的各个步骤。设计师从当地的历史文化中提炼出各种细节，在设计中加以美化，让儿童对这个公园的原场地文化背景更加了解。

2）丰富的互动性

艾格公园向儿童提供了各种与园艺种植有关的活动，通过一个个有趣的游戏设施，让儿童学习到种植植物的流程。设计师用夸张的手法将一些活动设施进行了放大，能够让儿童通过合作完成游戏，以锻炼儿童的团队协作能力。如以农具为原型设计的巨型跷跷板，在起落间锄铲挥动，让儿童体验了给土地松土的过程（见图5-48）。除了造型夸张的跷跷板，场地内还提供了让儿童自己动手"务农"的机会。用橡胶代替金属制作而成的迷你农具（见图5-49），符合儿童的身体维度，保障使用安全，让儿童能在沙地玩耍中逐渐熟悉农耕工具。

图5-46　艾格公园入口印花铺装

图5-47　艾格公园铺装概念手绘图

图5-48　艾格公园的松土体验区

图5-49　艾格公园的迷你农具

　　"耕地"上立着一个巨型绿色水壶（见图5-50），壶身上插着可伸缩的水管，摇动后方的杠杆，壶嘴会喷出水柱，壶身上的水管可被儿童一同推动当作玩耍用的水枪。除了绿色水壶以外，旁边的红色水壶连接着水渠（见图5-51）、水池和水车等输水构件，配套的各种小工具，丰富着儿童的游戏体验。与各种不同材质与色彩进行接触，有助于刺激儿童神经发育。

　　豆子蹦床（见图5-52）则模拟了刚种下的饱满种子。埋在土里的蹦床，宛如一颗快要破土的种子，让儿童可以在上面尽情地跳跃。蹦床运动既增强了体力，又锻炼了平衡能力，在上面跳跃的儿童也像萌芽的种子一样充满活力。

　　除了单人进行的游戏和合作类的游戏外，场地内还有亲子互动的竞技游戏。场地内的水池属于文化遗产，因此受到特殊保护。设计师在保持水池原貌的情况下，增设了一些道具，实现了场地的游戏功能（见图5-53）。家长们需要穿上防水裤，拖着"浮萍"竞速从水池的一边到水池另一边接上儿童，搭乘"浮萍"的儿童则需要在水池里打捞指定的蔬果。亲子间的合作强化了家庭参与感，妙趣横生；同时也在游戏中形成竞争，满足了儿童的竞争意识，并且获胜的儿童也能体会到成就感。

图5-50 艾格公园的巨型绿色水壶

图5-51 艾格公园的红色水壶

图5-52 艾格公园的豆子蹦床

图5-53 艾格公园的"浮萍乐园"

儿童除了可以通过各种游戏来认识园艺，还可以亲身体验真正的花草种植。市民可以申请使用场地内的花圃（见图5-54），每周末带上孩子一起感受田园快乐。在这个过程中，儿童可以将园艺知识运用到实际操作中，同时也增加了周末家庭出游的机会。

图5-54　艾格公园的认养花圃

3）高度还原设计稿件

艾格公园的整个设计方案原稿都是手绘而成，在建成后公园呈现的效果对手绘图还原度非常高。这得益于施工时的细致入微。这种高度还原离不开积极有效的沟通和对工艺的细致推敲。施工期间，设计师与工匠制作了许多模型，反复试验不同的材质和颜色，以求达到最佳效果。在游乐设备中也不惜增加建造难度，例如，选用多种相近色釉，以呈现马克笔深浅不同的笔触。

3. 案例小结

在艾格公园的设计中，设计师充分了解儿童的成长历程和儿童在各个年龄段所表现出的行为特征与喜好，充分尊重儿童的天性，为儿童提供了各种开展户外活动的场地，并为他们设计了寓教于乐的游戏方式。整个公园紧扣设计主题，从各方面向儿童展示了与园艺相关的内容，让儿童在游玩的过程中也学习了知识，收获了成长。公园的设计风格独特，具有较高的记忆度，同时也贴合儿童的审美，让整个设计更具美感和独特性。

作业与思考：

1. 通过采访、观察等方法了解儿童对公园的使用习惯和偏好。

2. 整理儿童公园的设计要点。

3. 收集儿童公园的案例，并进行详细的案例分析。

5.4 遗址公园

遗址公园的出现源于保护和利用历史文化遗产的需求。随着城市化进程的加快，许多重要的考古遗址面临破坏风险。为了保护这些文化遗产，同时为公众提供教育和休闲场所，政府和相关机构开始建立遗址公园。这些公园不仅保护了历史遗迹，还通过展示和活动提高了人们对历史文化的认识和重视。

5.4.1 遗址公园的概述

工业遗址

1. 定义

遗址公园是一个专门保护和开发历史遗址的公共场所，它将历史遗迹和自然景观有机地结合在一起，赋予其丰富的文化、环境和生态意义。遗址公园分为历史文化遗址公园、工业遗址公园两大类型。遗址公园以保存历史遗址为基础，通过科学的开发和整理，不仅保护了历史遗迹和自然环境，还为公众提供了旅游、游览、体验和学习的机会，使人们在欣赏自然美景的同时，也能深入了解和体验历史文化的魅力。

2. 发展趋势

遗址公园景观设计是现代景观设计与历史文化保护的有机结合，在此过程中呈现以下几个主要发展方向。

（1）遗址公园的景观设计注重将历史元素与现代设计理念相结合。在保护历史遗迹原貌的基础上，融入现代景观设计，使得古老与现代和谐共存，为游客提供丰富的视觉体验和文化感受。

（2）随着环保意识的增强，遗址公园的景观设计越来越注重生态保护和可持续发展。通过使用本地植物、雨水花园和生态修复技术，创造出与自然环境相融合的绿色景观，提升公园的生态价值和美观度。

（3）现代遗址公园景观设计注重游客互动体验，广泛应用现代科技提升管理和服务水平。利用物联网、大数据和智能监控技术，实现对环境、游客流量和设施的实时监测和管理，提高景观维护效率。同时，通过互动式展览、触摸屏和虚拟现实体验区，使游客更直观、生动地了解历史文化，增加趣味性和参与感。这些智能化服务和互动设施丰富了游客体验，推动了历史文化的传播和保护。

（4）结合遗址的历史背景，打造具有特定文化主题的景观。例如，通过植物配置、雕塑、建筑小品等，再现历史场景或文化故事，使公园的文化氛围更加浓厚，增强游客的沉浸感和文化认同感，如张家口工业文化主题公园中有一台产于1983年的上游型蒸汽机车被放置于旱喷泉广场中央，与场地原本的铁轨结合再现了历史场景，增加游客的代入感，创造出一片有历史温度的场所（见图5-55）。

图5-55　张家口工业文化主题公园

总体来看，遗址公园景观的发展趋势注重历史文化与现代设计的融合、生态保护、互动体验、多功能空间、文化主题、夜间照明和智慧管理。这些趋势不仅提升了遗址公园的景观品质和游客体验，也促进了遗址的保护和文化传播。

5.4.2　遗址公园的设计要点和原则

1. 保护优先

在遗址公园的规划设计过程中，文化遗产的保护必须被置于首位。这不仅是对历史的尊重，也是对未来的责任。确保遗址的真实性和完整性，既是对文化遗产本身的保护，也是对历史文化传承的尊重。

历史文化遗址公园的核心是保护具有不可替代历史价值的遗迹，保持其原真性，即历史风貌和原始状态。原真性包括物理结构、历史背景、文化内涵和时间痕迹。任何不当修复和改造都可能损害遗址的历史真实性，因此规划设计应遵循最小干预原则，避免直接干扰遗址本体。如重庆开埠遗址公园，以立德乐洋行旧址群为基础，保护性修缮历史文物建筑，顺应山地地形复绿建筑废墟，形成以历史文物建筑为中心、山林掩映的建筑簇群。该项目将现代景观设计与历史文化融合，以呈现一个具有教育、观赏和休闲功能的公共空间（见图 5-56）。

而工业遗址公园的场地通常在地表进行生产活动，如挖掘、堆放等，这些活动会在地表留下明显的人工痕迹。在设计的过程中，要尽可能地保留这些痕迹，通过设计手法给予强调和保护。这些地表的肌理是工业遗址的典型景观特征。在尊重原场地的前提下，对工业地表痕迹进行艺术改造，可以实现对地表痕迹最完整的保留和保护，如北杜伊斯堡公园，在设计时基本保持了场地的工业原貌，减少了对历史痕迹的人为破坏（见图 5-57）。

2.　场地的整体把控

在遗址公园规划的设计中，场地的整体把控至关重要，影响着公园的美学效果、功能布局以及游客体验和遗址保护效果。

图5-56　重庆开埠遗址公园

图5-57　北杜伊斯堡公园

1）景观分区

遗址公园改造需重新分区和组织，满足游览需求。根据历史背景、地理环境和功能需求，将公园划分为核心保护区、展示区、教育区、休闲区和服务区。核心保护区保护遗址本体，设观景平台和远观通道，控制人流确保真实性。展示区通过博物馆和多媒体展示传达历史信息。教育区提供学习研究场所，利用现代科技增强教育效果。休闲区设休息亭、咖啡馆和绿地，提升舒适度。服务区包含导览、售票处和卫生间等设施，保障游客需求。

2）游览组织

游览组织是确保游客有序参观的关键环节。导览系统通过清晰的标识和多语言解说，帮助游客了解遗址。参观路线规划设计合理的游览路线，避免人流拥挤和路径交叉，提高游览流畅性和安全性。游客分流管理通过预约参观制度和限流措施，控制人流密度，保护遗址和提升游览体验。互动体验安排设置展览和体验项目，吸引游客参与，增强趣味性和教育性。

综上所述，场地的整体把控包括景观分区和游览组织两个方面，通过合理的规划和设计，遗址公园能够实现遗址保护与旅游开发的平衡，提供优质的参观体验，传承和弘扬历史文化价值。

3. 安全性考量

遗址改造成公园需尊重游客习惯，践行"以人为本"的设计原则。设计时排除安全隐患，设置明确标识，区分可进入和限制区域，确保安全。设计有趣活动满足游客探索欲，如北杜伊斯堡公园用颜色标识活动区和禁止区。对于废料，若无污染可再利用，如铺装材料或植物肥料；若有污染需处理后再利用，严重污染需清理外运。改造成公园绿地时，需进行植被恢复和土壤修复，如焚烧、固化或淋洗处理，视污染程度决定方法。水生态修复采用原地隔离和建设跨河景观，尽量保留水系形态，利用湿地生态系统净化水体。

5.4.3　遗址公园的案例分析：广东中山岐江公园

1. 基本概况

广东中山岐江公园位于广东省中山市（见图 5-58），总面积为 10.3 hm^2，园址原为粤中造船厂，设计强调脚下的文化与野草之美。其中水面为 3.6 hm^2，水面与岐江河相连通，而岐江河又受海潮影响，日水位变化可达 1.1 m。公园设计的主导思想是充分利用造船厂原有植被进行城市土地的再利用，建设成一个开放的反映工业化时代文化特色的公共休闲场所。围绕这一主题，设计师提出了生态性和亲水性的设计关键词，在设计中形成一系列公园的特色景观（见图 5-59）。其设计于 2002 年 10 月获得了美国景观设计师协会 2002 年度荣誉设计奖。

2. 设计思路

人的亲水性是一种很复杂的特性，当设计师需要进行亲水性景观的设计时需要运用水流动力学知识、工程技术知识以及植物生态知识，不仅如此，还要认识人性，以及人与水、人与微生物之间的微妙关系。而广东中山岐江公园也面临着一个普遍存在的水位变化较大的问题。在这样的情况下，设计师想要打造亲近人、具有生态性的景观是有一定困难的。

在水位变化较大的情况下，生态与清水设计所面临的问题主要有两个：一是湖水水位随其江水水位的变化而变化；二是湖底有很深的淤泥，湖面很不稳定。在水位升高时，湖水靠近堤岸，岸上植物与水相衔接，具有良好的视觉效果，但这种高水位只能持续很短时间；水位下降时，湖边淤泥出路与人难以亲近。因此，设计师面临的问题是，在一个水位多变、地质结构不稳定的场地条件下，设计一个植物充裕的生态化水路边界线，在这个场地中，人、水、生物得以在整个生态圈中形成共融共生。因此在这个阶段，设计师提出了三个基本目标：清水、生态和美感。同时，设计师对工业设施及自然的态度是：保留、更新和再利用。广东中山岐江公园的设计强调了新的设计，并通过新设计来强化场地及景观作为特定文化载体的意义，揭示人和自然之美。

图5-58　广东中山岐江公园鸟瞰图

1.红色的盒子
2.雾泉广场
3.树篱
4.矩阵
5.雕塑
6.游艇俱乐部
7.停车场
8.船舶服务设施
9.梯田式桥梁
10.桥
11.码头
12.灯塔（水塔再利用）
13.框架塔楼
14.旧船游乐场
15.树屋
16.游泳池
17.亭子
18.喷泉
19.岛屿
20.桥（水闸）
21.生态银行
22.南入口
23.水域硬质边界
24.环形道路
25.西北入口

图5-59　广东中山岐江公园平面图

3. 设计亮点

1）梯田式种植台

在最高水位和最低水位之间的湖底修筑3～4道挡土墙，墙体顶部可分别在不同水位时淹没，墙体所围空间回填淤泥，由此形成一系列梯田式水生和湿生种植台，它们在不同时间段内完全或部分被水淹没（见图5-60）。

图5-60　广东中山岐江公园的梯田式种植台

2）临水栈桥

在此梯田式种植台上，挑空修建方格网状临水步行栈桥（见图 5-61），它们也随水位的变化而出现高低错落的变化，都能接近水面和各种水生、湿生植物和生物。同时，允许水流自由升落，而高挺的水际植物又可遮住挡墙及栈桥的架空部分，人行走其上恰如漂游于水面或植物丛中。建成不到 3 个月的栈桥式护岸，基本实现了在湖水变化很大的状态下，仍然保持亲水性和生态性的目标，同时，精心选择的野生植物与花岗岩人工栈桥相结合，产生了脱俗之美感。而且，随着时间的推移、水际群落的不断丰富和成熟，生物多样性将不断提高，生态、亲人和美学效果将更加显著。

图5-61　广东中山岐江公园的栈桥

3）水际植物群落

根据水位的变化及水深情况，选择乡土植物形成水生、沼生、湿生、中生植物群落带，所有的植物均为野生乡土植物，使岐江公园成为多种乡土水生植物的展示地，让远离自然、久居城市的人们，能有机会欣赏到自然生态和野生植物之美。同时，随着水际植物群落的形成，使许多野生动物和昆虫也得以栖居、繁衍，增加了生物的多样性。所选野生植物包括水生的荷花、菱白、菖蒲、旱伞草、茨菇等；湿生和中生的包括芦苇、象草、白茅、苦薏等。

4）文化的载体

设计师在进行设计时，对场所精神给予尊重，并且加入了现代的新诠释。除了保留如烟囱、龙门吊、厂棚等这些文化的载体外，还通过新的设计把设计师对这种文化的感觉通过新的形式传达给造访者。如被称为静思空间的红盒子给儿童提供了半私密的嬉水空间（见图5-62）；还有被保留下来的铁轨（见图5-63）等，给儿童创造了新的冒险地，同时也将成人带入了童年的记忆。

4. 案例小结

广东中山岐江公园在设计的过程中深度挖掘了人、水、工业三者之间的关系，在设计实践中探讨了如何让三者变得融洽。整个设计既保护了造船厂的工业元素和生态环境，体现环保节约、概念创新等设计理念，以最小成本实现最佳效果，使建筑与环境和谐统一，同时又发挥了展现与承载创业历程、记录城市记忆等功能。美中不足的是，在公园设计时对南方雨水充沛及公园水位较高的特点缺乏充分考虑，致使公园局部排水系统不畅，部分绿地积水过多导致树木生长不良，现场调整后有望改善；在公园其他地区的植物配置中，一些阴生植物因没能及时得到新栽乔木的庇护，影响了观赏效果，随着乔木层郁闭度的提高，乡土生物的多样性将日趋提高。

图5-62　广东中山岐江公园的静思空间

图5-63　广东中山岐江公园的铁轨

作业与思考：

1. 对北杜伊斯堡公园进行景观案例分析。

2. 搜集三个工业遗址公园的相关案例，并对其进行对比分析。

5.5 体育公园

随着城市发展速度的加快，以及人们工作压力的增大，体育公园的建设已成为现代城市建设中备受关注的问题，而城市土地的稀缺，导致城市居民可活动的户外运动场地越来越少。因此，将现有城市公园根据居民体育运动的需求进行功能改造，已经成为城市公园未来发展的方向。

5.5.1 体育公园的概念

体育公园不同于传统意义上以景观为主题的公园，其是以体育为主题，具有较完备的体育运动及健身设施，供各类比赛、训练及市民的日常休闲健身及运动之用的专类公园；是为提升城市整体形象和倡导市民健康生活方式而建设的大型公园（见图5-64）。

体育公园

图5-64　长沙梅溪湖体育公园

5.5.2 体育公园的发展历史

古希腊人认为，只有在自然环境中进行体育锻炼，对人的智慧和身体发展才能产生有益的作用。最早的奥林匹克公园就是直接修建在绿地上，大多数体育设施也都直接修建在大片绿地附近或直接建在草地上。

20世纪90年代，西方发达国家提出体育公园的概念，美国、加拿大等北美国家最初在城市中设立公园，意图把乡村的风景引入城市，美化城市的环境，让公园成为城市的呼吸空间。早期的公园仅提供观赏类的被动娱乐，人们不能在公园里玩耍、游戏和运动，不允许在草地上行走或躺在草地上。1900年前后，在最初设计的休憩公园里，开始出现游乐场、室外体操场、运动场及其他运动设施。这种将自然景观与体育设施组合在一起的方式成为市立公园及休闲系统的新概念。体育公园成为评价一个城市居住环境、生活质量、形象品位的重要标志。

20 世纪末，体育公园的概念在欧美国家逐步发展，并具有带动本地经济与增加居民运动健身的双重功能。戈罗霍夫和伦茨认为体育公园设在景色如画的园林空间中，它的体育设施、运动场，以及在这些场地举办体育系列训练活动、体育表演、竞技比赛和保健活动，就会吸引城市居民来此休息。

5.5.3 体育公园的功能

体育公园集体育锻炼、休闲娱乐与改善生态环境等功能于一体，能有效提高居民的生活质量，它具有以下几个功能。

1. 社会功能

环境优美的公园可以使人心旷神怡、身心愉悦，人们需要通过体育锻炼来缓解工作压力、强健体魄，同时在锻炼过程中可以与同伴增进情感交流。因此，现代大城市中出现了越来越多的体育公园，以此来满足城市居民的社会需求。

2. 经济功能

体育公园的建设可以增加城市体育产业、体育场所的效益，通过对其业态重新进行整合，可以有效地加强城市资源的利用，促进城市功能的提升，从而带动地区吸引力，发挥集聚效益和规模效益，成为城市经济新的增长点。

3. 生态功能

体育公园的建设能够改善城市生态环境，同时体育公园与其他公园绿地相互融合，不断地完善城市绿地系统的建设（见图 5-65、图 5-66）。体育公园的本质是绿色空间，在现代嘈杂的大城市中，体育公园的存在能够使人的心灵得到慰藉。

图5-65 闵行体育公园良好的生态环境　　　　图5-66 保利体育中心公园

5.5.4 体育公园的发展趋势

1. 体育运动与生态环境有机结合

城市体育公园在选址和规划时，应该考虑场地周边环境因素，如土壤、水体、绿化、体育文化、人文景观等，实现与周边环境的一体化设计，促进体育运动、体育历史文化和城市生态环境的和谐统一。

2. 重视城市体育公园的系统性和技术性

在城市公园设计时应根据使用人群的不同年龄、性别、工作、锻炼目的以及身体状况，设置不同的体育设施、器材，还应配有相应的配套设施，如餐厅、冷饮店、购物店、淋浴间和洗手间、救护机构等，使整个体育公园成为一个完整的社区系统。

5.5.5 体育公司的案例分析一：内蒙古鄂尔多斯智慧体育公园

1. 基本概况

内蒙古鄂尔多斯智慧体育公园位于内蒙古鄂尔多斯康巴什区，鄂尔多斯大街与乌仁都西路交汇处，占地 19.7hm²，北京普拉特建筑设计有限公司（PLAT ASIA）收到委托，将此处原本的视界广场改造成一座面向全年龄层人群的城市智慧公园，以满足人们日益增长的健康生活公共空间需求。原城市广场周边分布数个居民区、办公楼、学校及会展中心，四通八达交通便利，占地 19.7hm² 的广场上布置主题雕塑"视界"，开放边界的广场虽已配套公共设施和少量户外门球场，但不合理的景观布局、场地路径、缺失的配套活动空间让广场日渐失去活力，且使用率不高，故亟须改造提升。（见图 5-67）。

图5-67 改造前广场全景

2. 公园的特点——地景肌理的复现

设计师在考察过程中发现，在鄂尔多斯 8.7 万 km² 的土地上，同时拥有沙漠、草原、河流等自然景观，因此在设计过程中考虑将当地独特共存的自然地理景观与公园空间体验结合，建造属于地方的景观（见图5-68）。

（1）库布齐沙漠、毛乌素沙漠因当地西北风的影响形成特有的西北缓，东南陡的块状沙丘，公园的场地处理即因此地景趋势，依循现有地形做西北—东南向微地形景观处理。

（2）鄂尔多斯的荒漠草原记录着千万年的地质变迁，设计师将草原意象以草地的形式织构成公园的地景基底。

（3）蜿蜒的红柳河自南向北流经乌审旗，黄河由西向东穿过达拉特旗，二者构成公园交通体系的脉络，以流动的曲线和激流之势冲出"岛"状休息节点。

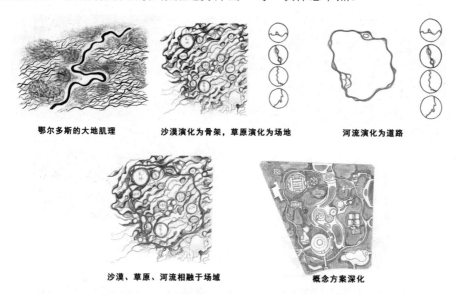

鄂尔多斯的大地肌理　　沙漠演化为骨架，草原演化为场地　　河流演化为道路

沙漠、草原、河流相融于场域　　概念方案深化

图5-68　地景肌理的复现

3. 创新点——全龄友好型综合体育公园

公园根据人群年龄层及运动习惯的不同划分为以下几个功能区。

1）综合运动区

利用原西北地块植被稀疏的特征将其改为新的综合运动区，包括5～7人足球场、篮球场、网球场、羽毛球场、乒乓球场等空间功能多样的综合赛事及日常训练场地（见图5-69），面向青少年的自行车赛道区，面向老年人的综合户外健身器材区。

2）儿童游乐场

公园中心位置新增一处核心景观，设计师将儿童乐园和公园管理服务中心设置在全园的制高点（观景台），建筑以曲合的线条形成向心性且安全环抱的儿童游乐广场，建筑所在的园区中心视野开放、流线通达，便于成人照顾儿童，并最快地抵达各区域活动，坡道屋顶盘旋而上引导人行至公园最高点，可以一览全园风貌（见图5-70）。

3）智慧与健康的生境体验

公园采用智慧管理及服务平台运营系统并以智慧设施与使用者互动。智慧景观设施包括智能照明控制、监测跑道流量的智慧跑道环、结合场地标识的智慧导览、智慧饮水系统、太阳能充电设施等。设计师因地制宜，利用土坡高差设置导流渗水系统，以洼地集水成景，维持公园水环境的平衡（见图 5-71）。

图5-69　球类运动区

图5-70　儿童游乐场

图5-71　跑道旁的智慧互动装置

5.5.6　体育公园的案例分析二：哈尔滨体育公园

1. 基本概况

哈尔滨体育公园位于哈尔滨市群力新区，总占地面积为 24.4 hm²，北临康安路，南临安阳路，西临齿轮路，东临龙葵路（见图 5-72），强调运动与休闲结合，让游客在参与活动的同时，能够欣赏到优美的自然风光。该项目引入"能量流"的景观概念，将体育公园比作整个区域的"活力源"，人们在公园内通过健身锻炼不断地补充着自身的能量，而充满了能量的人们，同时又形成了建设美好城市的能量流，促进整个新区的发展，使新区成为充满活力的美好家园（见图 5-73）。

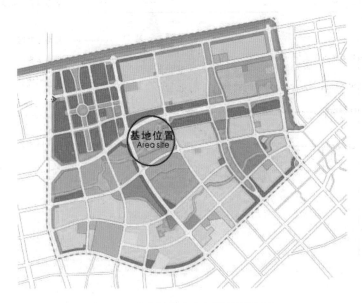

图5-72　哈尔滨体育公园的区域位置

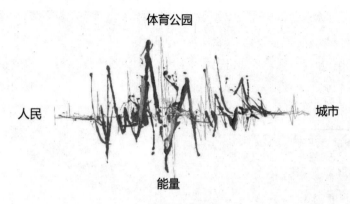

图5-73 哈尔滨体育公园主题："跃动的生活，健康的时代——城市的活力源"

2. 公园设计原则

1）全民性原则

体育公园在功能布局上考虑到不同年龄段人群的需求，将空间划分为 11 个主题区，从而满足人们多样化的活动需求（见图 5-74）。

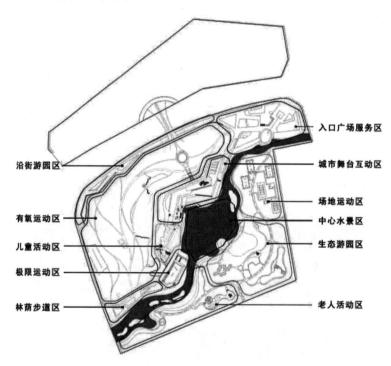

图5-74 不同主题区

2）全季性原则

无论春夏秋冬，整个公园都将为人们提供多种多样的体育运动，如有氧运动、场地运动、水上运动、极限运动等，并且结合哈尔滨的地域特色，秋冬季节原有场地功能发生改变，结合滑雪、冰雕等冬季运动，丰富人们冬季活动的需求（见图 5-75）。

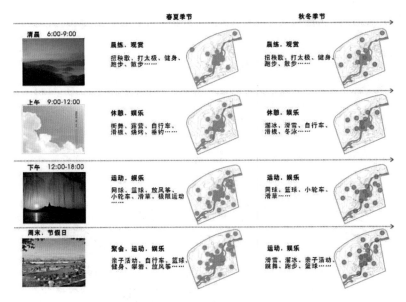

图5-75　全季不同时间段的运动

3）生态性原则

现有场地中绿地和水面约占公园用地的 73%，在广场等硬质景观中也多种植乔木，让人在树荫下活动，运动场地尽可能形成草坪草地，建筑则尽可能形成绿色生态型建筑，以充分满足和保障游客活动的舒适性。

3. 创新点——"三力"理论的应用

设计师在设计过程中思考如何将运动公园融入这片土地，通过场地调研发现这片土地有着悠久的历史和深厚的文化底蕴，设计师决定将艺术——运动——文化三者相结合，创造一个具有生命力的运动公园，因此有了该项目的核心理论"三力"理论，即艺术的感染力、运动的生命力和文化的承载力。

1）艺术的感染力

首先利用良好的轴线关系，创造可以吸引人的空间序列。其次通过有趣的高差变化，拓宽园区的视觉空间，营造出独特的空间艺术感。

2）运动的生命力

通过在园区内设置各种性质的体育活动，来满足不同年龄段的需求，让整个园区充满活力，体现出运动的生命力。例如，在场地北部区域设置高尔夫球场、蝶舞滩（生态湿地园）以及老人健身园，除此之外，还设有游乐性质的体育活动，如动感卡丁车、冰上运动（滑雪圈、冰滑梯等）。

3）文化的承载力

场地位于金源文化发源地——阿什河畔旁，金源文化是女真族半农半牧半渔猎的生活方式和历史发展中形成的文化。金源文化虽然保留和吸收了女真族的某些文化传统，但基本上继承了辽、宋文化，是一种多源多流的文化复合体。因此，在场地设计过程中，设计师始终遵循文化传承与空间艺术相结合的设计理念，将民族文化和精神融入设计之中。

5.5.7 体育公园的案例分析三：德国法兰克福Hafenpark体育公园

1. 案例概况

法兰克福 Hafenpark 体育公园位于德国法兰克福，总占地面积约为 4 hm^2，是一座体育休闲公园，主要针对极限运动爱好者。公园所在地以前是一片废弃的工业区域，后经 SINAI 设计团队成功地将其改造成为一个崭新的公共开放空间（见图5-76、图5-77）。

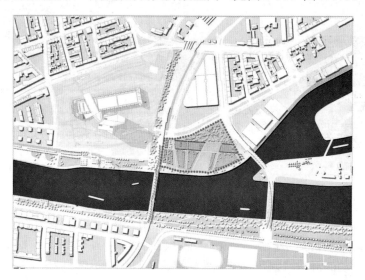

图5-76　项目区域位置

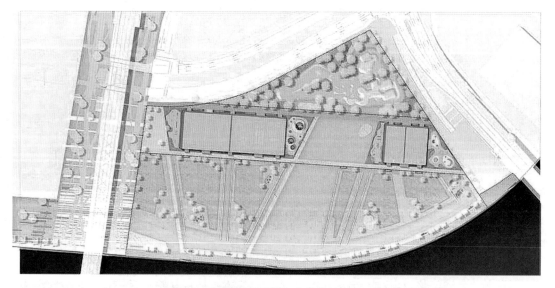

图5-77　法兰克福Hafen Park体育公园平面图

2. 公园的设计原则

法兰克福 Hafenpark 体育公园作为一处被高频使用的城市公共空间，充分展示了如何将自然环境和都市中的野性生活结合在一起。看似彼此对立的设计要求，在这座公园里却能彼此和谐共存。剧烈的运动与安静的空间，有趣的活动和沉静的自然，这一切都呈现一个功能明确的公共空间，并且具有独特的文化氛围。公园内视野良好，环顾四周，可以欣赏到法兰克福城市景观、远方的天际线和海港边的摩天大楼。

3. 创新点

（1）对场地由工业废弃地转变为公园而言，整体环境的改造是重中之重。公园的第一部分是"混凝土森林"的滑板和小轮车部分，通过对原有的混凝土场地进行合理的规划与利用，将其建造成一个深受极限运动爱好者喜爱的活动主场（见图5-78）。

图5-78　"混凝土森林"滑板、小轮车场地

（2）公园总体布局的设计来源于洪塞尔大桥和法兰克福天际线之间的视觉轴线，通过沿着运动及活动路径布置吸引人注意的钢制格栅以强调这一轴线（见图5-79）。一个南北向的、宽广的愿景展示了北部"混凝土森林"和南部河流之间的联系。

图5-79　公园轴线中钢制格栅

作业与思考：

1. 总结体育公园的设计原则。
2. 通过案例分析总结内蒙古鄂尔多斯智慧体育公园的设计特色与可参考借鉴之处。

5.6 植物园

随着环境科学的发展，正当人类对现代化工业和社会经济的发展带来的负面影响越来越感到生态危机四伏的时候，国家相继提出了保护生态环境，保卫我们共同的家园，人类与自然和谐共存，持续发展的理念。植物园在物种多样性的保护，城市园林可持续发展，降低城市水污染、噪声污染、大气污染，保持城市生态平衡，满足人们的绿色需求等方面的作用将更加显著，因此，植物园在城市生态系统中具有不可替代的作用。

5.6.1 植物园的概念

随着社会的发展，植物园的定义也在不断地发展变化，目前普遍认为的植物园是指调查、采集、鉴定、引种、驯化、保存和推广利用植物的科研单位（见图 5-80、图 5-81），以及普及植物科学知识，并供群众游憩的园地。因此，植物园相对于一般城市公园，更侧重于科学研究。

植物园（上）

图5-80　中国科学院植物园研究室

图5-81　中国科学院西双版纳热带植物园

5.6.2 植物园的发展历史

公元前 138 年，汉武帝刘彻扩建长安上林苑时，栽植了远方所献珍贵奇花异草 2000 多种，可以说是世界上最早的植物园雏形。宋代司马光所著的《独乐园记》中提到的"采药圃"与现代药物植物园相差无几。

英国皇家植物园——邱园于 1840 年正式开放。世界上最大的热带植物园茂物植物园建于 1817 年。中国现代植物园建立较晚，最早是建于 1906 年的清农事试验场（今北京动物园），即附设植物园，1929 年建立了我国第一个规范性植物园——南京中山植物园，1949 年以后，我国又先后在杭州、北京、沈阳、广州及武汉等城市建立了植物园。

5.6.3　植物园的功能

根据植物园的发展和现状来看，大致将其功能分为以下三点。

（1）科学研究。对珍稀种类的收集与保存，植物的培育、驯化、分类等生理生态研究，物种多样性的保护利用等（见图5-82）。

（2）生产开发。对常见植物的繁殖培育，新品种的研发、引进、推广等。

（3）教育休闲。对植物知识的科普教育，植物观赏、展示、绿化城市环境，营造休闲绿地等（见图5-83）。

图5-82　德国柏林植物园培育基地　　　　图5-83　仙湖植物园进行的科普教育活动

5.6.4　植物园的未来发展方向

我国植物园目前仍然存在着公园化倾向和同质化现象、植物园功能与科学研究结合不紧密以及植物园活植物收集和迁地保育管理系统不够完善等方面的问题。这些问题严重影响植物园功能的发挥。因此，未来植物园的发展需要注重以下几点。

（1）高新技术的应用。通过利用现代高新技术等手段，实现植物、建筑、景观的可持续发展。将现代的声、光、电等因素融入其中，可自由地创造加工自然景观和人工景观（见图5-84）。

（2）科学理念对植物园的促进。现代生态原则、尊重场地、人与自然和谐发展等理念，促进了当代植物园设计的新思路（见图5-85）。

图5-84　多因素融合的植物园设计　　　　图5-85　实现无土栽培的深圳植物园

（3）注重地域景观的再现。"地域性"景观是指某个地区的自然景观和历史文脉的总和，包括其气候资源、地形地貌、水文地质、动植物资源和历史资源，以及人类的所有活动、行为方式等（见图5-86、图5-87）。我们所看到的景观都不是孤立存在的，它存在于整个地域景观之中，与周边区域的发展演变是相互联系的。因此在植物园的设计过程中，大到一个区域，小到一块场地，都应营造具有当地特色的园林景观和满足当地人活动需求的空间场所。

图5-86　极具重庆特色的南山植物园　　　　图5-87　以地域性历史为特色的台州植物园

5.6.5　植物园的案例分析一：上海辰山植物园

1. 基本概况

上海辰山植物园位于上海市松江区辰花公路3888号，2011年1月23日正式对外开放，是一座集科研、科普和观赏游览于一体的综合性植物园（见图5-88）。园区分为中心展示区、植物保育区、五大洲植物区和外围缓冲区等四大功能区，占地面积达207万 m²，为华东地区规模最大的植物园，同时也是上海市第二座植物园。

植物园（下）

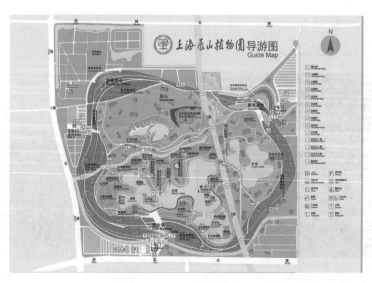

图5-88　上海辰山植物园

2. 公园特点

上海辰山植物园的主要特点体现在以下几个方面。

（1）独特的场地。植物园地址早期是上海地区四大原矿产区之一，后因大量开采逐渐被荒废，导致本身就缺乏的植物种类还在逐渐减少，成为一块荒地，场地内只留下大大小小的矿坑（见图5-89）。

（2）创新的设计理念。"华东植物、江南山水、精美沉园"是其设计整体理念，设计团队借助于中国传统园林艺术底蕴及丰富的植物物种资源，使辰山植物园具有别具一格的特质。在满足教学、科研等基本功能的基础上，将植物园因地制宜地融入现有的山水环境中（图5-90）。

图5-89　上海辰山植物园全景　　　　图5-90　极具中国传统园林特色的植物园

（3）严谨的设计原则。"景观是根本、科研是基础、特色是关键、文化是灵魂"为该园的设计原则。设计团队严格遵循该设计原则，根据植物习性及分类在植物园内设立多个各具特色的园区，如矿坑花园、展览温室（含热带花果馆、沙生植物馆、珍奇植物馆）、月季园、药用植物园、城市菜园、春花园和观赏草园等。这些园区以植物多样性为基础展示了高品质的植物专类景观，同时又为科研提供了可靠的场地。

3. 创新点

上海辰山植物园在园区构思、用户体验、科研科普和生物多样性保护等方面都展现了其创新点，这些创新举措不仅提升了植物园自身的品质，也为公众提供了更优质的观赏和学习体验。

1）空间结构上的构成——中国传统篆书中的"园"

植物园主要由三个空间要素构成——绿环、山体及中心植物专类园区。绿环象征着世界，绿环内层叠的山峦以及倒映着蓝天的湖泊展示了富有江南水乡特质的景观空间，整体形似中国传统篆书中的"园"字（见图5-91）。

2）藏于矿山的花园——矿坑花园

植物园西北角的矿坑遗迹，通过结合中国古代"桃花源"的隐逸思想及矿坑维护避险、生态修复等要求，利用现有的山水资源，设计一系列与自然地形密切结合的内容，深化人对自然的体悟（见图5-92）。

3）以人为本的人文关怀——盲人植物园

盲人植物园位于上海辰山植物园华东植物体系内，靠近植物园东北出入口。园区配有安全的辅助设施,可进行触觉、听觉和嗅觉感知等活动。园区以主路为线索,串联了视觉体验区、嗅觉体验区、叶片触摸区、枝条触摸区、花果触摸区、水生植物触摸区、科普触摸区等 7 个体验区,让盲人也能感受到植物的魅力。

图5-91 中国传统篆书中的"园"字

图5-92 矿坑花园

5.6.6 植物园的案例分析二:布鲁克林植物园

1. 基本概况

布鲁克林植物园(见图 5-93)建成于美国纽约高速发展的时代。高速发展使纽约成为高楼林立,道路错综复杂的城市,纽约人民希望能够给冰冷的城市留下一丝温暖,因此,纽约州立法确定城市中要保留一定的自然景观,以保护当地生态。布鲁克林植物园就是在这样的背景下于 1911 年 5 月 13 日正式开放了。

图5-93 布鲁克林植物园入口景观平面图

2. 创新点

布鲁克林植物园以其多元景观融合、生态保护设施、优秀的园艺展览等创新点,成为了园林设计与生态保护领域的佼佼者。这些创新举措不仅提升了植物园的品质和影响力,也为游客带来了丰富的观赏和体验。

1)雨水管理

植物园通过一个广阔的绿色屋顶、雨水渠和种植洼地从护堤聚集径流,作为暂时的水景设计,缓解了雨水流向河岸植物和生物盆地的速度,进而留住现场的雨水,并促进渗透和地下水的补给。

2）土壤改良

山坡上历史性填补的受污染的土壤需要采取补救措施。一些受污染的土壤可以被覆盖住，并设计详细的土壤剖面来恢复有活力的土壤，以便支持每一个多样的园艺条件。生物渗透盆地的土壤被设计用来吸收和过滤污染物，这些土壤改善了现场的水质。结构性土壤被铺在人行道下面和广场的铺路材料中，以支撑邻近的雨水花园，提升雨水的采集量和植物根部的生长水平。

3）园艺展览

设计师熟悉了当地的植物群落之后，将植物色彩类型进行了细致的层次划分，从高到低，形成了一幅丰富多彩的自然画卷。这些层次不仅丰富了视觉效果，也反映了植物生态系统中不同物种之间的共生关系。最高层次的植物色彩类型是那些鲜艳夺目的花卉和果实，它们以其亮丽的色彩吸引着昆虫和鸟类等传粉者和种子传播者。这些植物在景观中起到了画龙点睛的作用，为整个植物群落增添了生机与活力。其次是那些色彩较为柔和的灌木和乔木，它们的叶片和枝干呈现出自然的绿色或棕色，为景观提供了稳定的背景色。这些植物在生态系统中扮演着重要的角色，为其他生物提供庇护所和食物来源。再往下是那些色彩较为单一的草本植物，它们以绿色为主，但也会随着季节的变化而呈现出不同的色彩。这些植物在植被设计中起到了衬托和补充的作用，使得整个植物群落看起来更加和谐统一。

5.6.7 植物园的案例分析三：麦金太尔植物园

1. 基本概况

麦金太尔植物园位于美国弗吉尼亚州中部，由 Mikyoung Kim Design 事务所设计打造，该项目致力于成为高品质植物园，使之具有可恢复性、可探索性及包容性，以便更好地展示皮埃蒙特地区的自然特征（见图5-94）。规划充分回应社区需求，以新颖的方式激活场地生态，使之成为城市休闲的新去处，引导并促进了社区的基础设施建设及社会环境修复（见图5-95）。

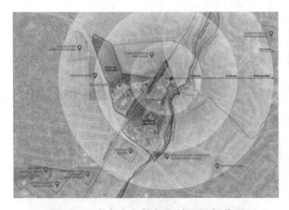
图5-94 麦金太尔植物园社区辐射范围

图5-95 麦金太尔植物园平面图

2. 公园的特点

因陡峭的地形及森林条件的限制，场地内部设计了一系列台地花园及探索步道。树林中设置游客中心、圆形露天剧场及活动空间，可举办社区活动、教育活动及文化类活动，以促进游客尽可能多地参加社交活动。草地、小树林、湿地、植物观赏园、瀑布及林荫步道等设施能充分激发游客的参与性。

3. 创新点

将场地原有生态作为场地修复的基础，进行优化来实现园区内生态系统的构建。设计团队了解了场地与里瓦那河流域的关系后，在园区内采用雨洪管理设施建造了一个雨水花园，一方面可让游客进入湿地畅游；另一方面帮助园区续存水量，并作为雨洪滞留池，旨在缓解当地的洪灾。除了生态系统外，园区还构建了具有教育功能的可互动型沉浸式花园，通过精细的场地介入，突出展现了丰富的本地植物资源，使其成为新时代植物园的范例。

作业与思考：

1. 总结植物园的设计原则。
2. 调研任意一个植物园并对其进行分析总结。

5.7 动物园

在当今世界人口发展与环境资源之间的矛盾日益加剧的情况下，公众已经认识到人类发展需求与自然环境承载力保持平衡是非常重要的。野生动物园通过更加尊重自然的方式饲养动物，在吸引游客的同时向游客传递对大自然的尊重和关注，还可以引导公众以实际行动保护环境。

动物园

5.7.1 动物园的概念

动物园是指搜集饲养各种动物，并对其进行科学研究和迁地保护，供公众观赏并进行科学普及和宣传保护教育的场所（见图 5-96）。动物园有两个基本特点：一是饲养管理野生动物（非家禽、家畜、宠物等家养动物）；二是向公众开放。符合这两个基本特点的场所即广义上的动物园，包括水族馆、专类动物园等；狭义上的动物园是指城市动物园和野生动物园。

（a）成都大熊猫繁育基地　　　　　　　　（b）动物园中的大象园

图 5-96　不同类型的动物园的园区场景

5.7.2 动物园的发展历史

动物园的发展史大致可分为古代动物园、近代动物园和现代动物园三个阶段。

公元前 1300 年，人们喜爱饲养大象、长颈鹿、狮子等有蹄类动物。据埃及壁画和文字记载，法老圈养狮子陪自己参加战役。到了两千多年前的古希腊，人们圈养动物有了更明确的目的——观察、研究和展示。古希腊著名哲学家亚里士多德编纂了世界上最早的动物百科全书——《动物志》，该书是古代一部按照学术体系记录生物各个领域的知识的作品。

17—19 世纪的欧洲，启蒙运动和法国大革命的出现，对动物园的产生起到了巨大的推动作用。博物学的兴起带动了动物园的发展，各地逐渐开始建立专门用于科学研究的动物园，其中以巴黎自然历史博物馆动物园最为成功。

而到了 1826 年，英国政治家来福士组建了伦敦动物学会。1828 年，伦敦动物学会本着科学研究的目的建立的伦敦动物园，成为了现代动物园的鼻祖。起初动物园仅供会员研究之用，直到 1847 年才逐渐对公众开放。英文中的动物园 "Zoo" 一词的由来也和伦敦动物园渊源颇深。

5.7.3 动物园的功能

现代动物园的功能可归纳为以下几个。

1. 保护教育功能

中华人民共和国住房和城乡建设部发布的《关于进一步加强动物园管理的意见》中提到动物园的中心任务是开展野生动物综合保护和科学研究，并对公众进行科普教育和环境保护宣传。通过面向公众的保护教育，使动物园逐渐成为联系城市民众与野外自然栖息地保护的纽带，扩大保护范围，从以往片面的动物保护发展成为对整个自然生态的保护，同时提高普通城市公众的参与度，让公众对动物园更加感兴趣，从而激发人们保护自然生态的欲望（见图 5-97）。

2. 动物科研功能

除了对公众的科普教育职能之外，动物园另一重要功能为科研，即针对外来物种和珍稀、濒危动物，进行有关的饲养管理、疾病预防和繁殖方法等内容的科学研究（见图 5-98）。

图5-97 带领小学生观看动物园中的保护动物

图5-98 对濒危保护动物进行观察保护

5.7.4　动物园的发展趋势

1. 存量提升——动物园创新提升

随着社会的发展，游客已从传统走马观花式的游览方式转变为注重心智满足感的游览方式，更加注重对参与度、互动性的追求。因此，在动物园有限的空间内，如何因"园"制宜、突出特色，才是动物园发展的趋势。例如，在动物园中增加沉浸式体验活动，探索人与动物的"五感"（形、声、闻、味、触）体验，增加人与动物亲密互动的过程；独创动物园的行为展示与生态展示，强调展示动物的天性；结合水文、丛林、山地等要素创新水陆空全覆盖的游览方式，增加游览的趣味性（见图5-99）。

图5-99　水陆空全覆盖式的游览方式，深入了解动物的天性

2. 增量扩容——"动物+"主题休闲度假

以"动物+"为主线，将动物元素与主题体验、科技体验、沉浸体验、主题度假等多元业态结合，实现从传统观光游览式动物园向休闲度假式动物园的转变（见图5-100）。例如，广州长隆野生动物园从动物观赏、科普到动物IP的逐步发展，实现了从传统动物园到品牌建设的转变。

图5-100　主题沉浸式公园，打造系列IP，形成品牌建设

5.7.5　动物园的案例分析一：新加坡动物园

1. 基本概况

新加坡动物园位于新加坡北部的万里湖路，占地面积约为28.3 hm²，采用全开放式模式，是世界十大动物园之一。园内以天然屏障代替围栏，为各种动物创造了天然的生活环境，也方便了游客近距离地感受动物。新加坡动物园游览路线如图5-101所示。

图5-101　新加坡动物园游览路线

2. 公园的特点

为动物打造最贴近野生栖息地的生活环境，让动物保留原有的天性（见图 5-102），同时动物园从原有的观赏型动物园逐渐向知识型动物园转变，游客不再是单纯地欣赏动物，而是通过更多的互动类项目学习到动物的各种知识，从而加强对野生动物的保护意识。

图5-102　为动物打造最贴近栖息地的生活环境

3. 创新点

（1）动物保护原则。在保护原有景观的基础上，充分保护和培育珍稀濒危动物，向群众普及动物知识（见图5-103）。

（2）观光＋演绎。以娱乐方式配合灯光效果，呈现夜间动物特有的自然习性，增强夜游的氛围（见图5-104），让游客能够更加深入地了解动物的自然习性，促进游客保护动物、保护自然的意识。

图5-103　动物园向游客普及动物知识　　　　图5-104　观光+演绎+夜游综合体验

（3）整体形象策划打造。对于园区内的视觉识别系统进行统一规划设计，使游客在游玩过程中可以无语言障碍地交流玩耍。同时打造系列 IP，通过游客的吃、穿、住、行、游、娱体现"主题文化个性化、休闲体验品质化、全域业态多元化"的特色。

5.7.6　动物园的案例分析二：墨尔本动物园

1. 基本概况

墨尔本动物园（见图5-105）位于距墨尔本市中心北部 3 km 处，建于 1857 年，是澳大利亚乃至世界上最古老的动物园，也是世界著名的动物园之一。动物园内还种植了超过 2 万种以上的植物，奇花异草，争奇斗艳。园内的动物种类占澳大利亚所有动物的 15%，在保持了原有的灌木丛中，有袋鼠、鸸鹋等动物，最引人注目的是世界上最早用人工授精方法培育出的大猩猩。

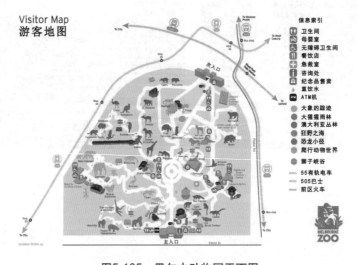

图5-105　墨尔本动物园平面图

2. 公园的特点

墨尔本动物园最有特点的要数"捕食者分界—狮子谷"园区。该园区以"避难树"教育中心和"水坑"为中心，是所有食肉动物聚集的地方。设计师设计多个近距离观察的机会，生态自然区、亲水区、护城河系统，展示区和零售设施。墨尔本动物园区旨在通过将游客与动物联系在一起，增加游客体验感，掠食者区第一阶段包括狮子、非洲野狗和濒危动物菲律宾鳄。墨尔本动物园运用"加入狼群，加入战斗"的设计理念，通过观看食肉动物的捕猎现场，使游客身临其境，激发游客尊重自然、敬畏自然的意识（见图5-106）。

图5-106 墨尔本动物园园区实景

作业与思考：

1. 总结动物园未来的发展趋势，并提出自己的意见和看法。
2. 分析任意一动物园案例，并总结出其运营理念与创新或不足之处。

5.8 游乐公园

自20世纪以来，人类世界的科技、经济、文化得到了复苏与发展，人们逐渐提高了精神需求，由此丰富人类精神生活的文化开始产生。其中，游乐公园便是人们满足自我精神、追求自我娱乐层面上的良好工具。同时，随着科学技术的进步、社会经济的发展以及人们娱乐观念和娱乐方式的转变，主题公园作为游乐公园的一种，登上了人类的娱乐舞台，成为人们娱乐的首选之地。

游乐场公园（上）

5.8.1 游乐公园的概念

游乐公园又称游乐园，是一种综合性的娱乐场所，可以供儿童、市民自由玩耍的地方，在旅游类型分类中属于主题公园，大多建在人口稠密较发达的城市。常见的游乐园一般会有跷跷板、旋转木马、秋千等娱乐设施，一些大型游乐园还会有过山车、摩天轮等大型娱乐设施（见图5-107）。这些娱乐设施不仅能够帮助儿童发展协作能力、锻炼身体，还可以提供娱乐与享受。

图5-107　不同主题的游乐场公园，提供给人不同的游乐设施

5.8.2　游乐公园的发展历史

　　游乐公园的形式最早可追溯至古希腊、古罗马时代的集市杂耍，当时的主要目的是通过音乐、舞蹈、魔术表演、博彩游戏等手段来营造热闹气氛、烘托气氛及吸引游客。到17世纪初，欧洲兴起的娱乐花园可称为游乐场公园的雏形。随后其理念由欧洲传至美国，到20世纪50年代中期，美国本土只剩极少数游乐公园还在经营。

　　随后20世纪50～60年代，美国人开始对梦幻、童真的世界抱有极大兴趣，因此，华特迪士尼公司抓住机遇，于1971年在佛罗里达州的奥兰多市耗资6亿美元创建了全世界最大的主题乐园——迪士尼乐园。

5.8.3　游乐公园的功能

1. 社会功能

　　游乐公园能够提高该地的就业率，为所在区域提供一定数量的就业岗位。例如，香港迪士尼乐园，虽然是全球六大迪士尼乐园中最小的一个，但仍为当地提供了数万个工作岗位，从而大大缓解了当地的就业压力，也提高了政府税收（见图5-108、图5-109）。

图5-108　香港迪士尼乐园中盛大的游行活动　　　　图5-109　热情洋溢的迪士尼工作人员

2. 经济功能

游乐公园融入了游览观赏、参与游乐、休闲度假等功能，将"吃、穿、住、行、游、娱、购"七大消费要素都纳入体系内，因此游乐公园不仅可以直接或间接地带动地方产业的发展，还可以通过打造品牌形象来带动上下游产业链的发展，内容包括核心产业、关联产业和延伸产业，其中包括酒店、度假村、运动休闲、康体娱乐等旅游业（见图5-110）。

3. 提升区域形象功能

游乐公园的建设可以改善区域交通组织，增强区域文化实力，提高城市区域吸引力和竞争力，为塑造、提升城市、区域形象的发展提供一张名片（见图5-111）。

图5-110　游乐公园带动周边产业的协同发展

图5-111　游乐公园能够成为城市名片

5.8.4　游乐公园的发展趋势

1. 文化主题

目前世界主流公园更多的是利用西方文化元素，比如以美国的动画片、电影为主题打造的游乐公园。在设计公园时如何将文化性融入设计中是我们必须去权衡的一个问题。一旦确认了适合的文化主题，全园就需要围绕这一主题进行场景设计、游憩方式设计、景观配套等，将文化元素有机地融入整个园区（见图5-112）。

2. 互动性

互动性主要包括人与人的互动、人与社会的互动、游憩中的互动等。在互动过程中将主题文化内的所有知识性、娱乐性、文化性等内容转化回馈游客，从而使游客在互动过程中对文化的价值和内涵产生认知，并在参与感、体验感上得到极大满足（见图5-113）。在这个转化过程中，主要是通过游憩方式及体验模式的打造，让游客身临其境地感受文化，通过互动来自主地选择想要获取的知识，这才是游乐公园未来发展中最有价值、最有前景的方面。

3. 商品化

在确定好文化主题之后，把具有该文化的有特色的标志物、吉祥物转化为可以出售的道具、纪念品等，这样的手法被称为道具商品化。道具商品化同样能够增强游乐场公园的参与性、游乐性和互动性，同时也能够延伸游客的体验，拉长游客的消费链（见图5-114）。

图5-112　以恐龙文化为主题的游乐园

图5-113　红树林间的沙坑增加儿童互动性

图5-114　以迪士尼和星球大战为主题的周边纪念商品

5.8.5　游乐公园的案例分析一：奥兰多迪士尼乐园

1. 基本概况

奥兰多迪士尼乐园是世界上最大的迪士尼主题乐园，总占地面积约为12400 hm^2。奥兰多迪士尼乐园拥有魔幻王国公园、未来世界、迪士尼动物王国主题公园、迪士尼暴雪海滩水上乐园、迪士尼好莱坞影城、ESPN体育大世界、迪士尼台风湖水上乐园、迪士尼温泉8个度假区（见图5-115）。

游乐场公园（下）

2. 公园的特点

（1）优越的地理位置。奥兰多迪士尼乐园位于美国佛罗里达州的中部，与南面的西棕榈滩和迈阿密海滨连成一线，游客南下半天即可抵达。因此，奥多兰迪士尼乐园既能作为一个独立的旅游产品吸引游客，又能与美国的黄金海岸组成旅游产品。

（2）独特的设计理念。奥兰多迪士尼乐园不再单纯是一个聚集游乐设备的场所，而是为游客打造了一个能够远离现实尘嚣、尽情娱乐的世界。为表现不同园区的主题定位，设计师将相对应的景观进行了主题设计，因此园区内不同乐园的景观显示出巨大的差异；为缓解游客在排队过程中的枯燥无味，在排队线上设计了相应的景观，通过外部的视觉、听觉和触觉等元素的刺激，使原本无聊的排队也充满乐趣（见图 5-116）。

图5-115　奥兰多迪士尼乐园功能分区

图5-116　拥有独特品牌形象的入口与不同的景观设施给人以新鲜感

3. 创新点

（1）复合型主题娱乐群落。奥兰多迪士尼乐园通过不同的娱乐主题、不同的游憩方式来满足游客的多样化、个性化的旅游需求，使游客感受到不同的娱乐经历，如图 5-117 为未来世界中的主要场景。

（2）地标形象。奥兰多迪士尼乐园四大主题公园各有一个地标形象来作为这一区域的标志，既能起到标志作用，又能给人以感官上的新鲜刺激（见图 5-118）。

图5-117　复合型主题娱乐群落　　　　图5-118　奥兰多迪士尼乐园的地标建筑

（3）人性化设计。奥兰多迪士尼乐园的设计者在设计之初就认识到乐园是为"人"提供游乐环境和体验的场所，他们的服务对象是"人"，因此所有的设计都是围绕"人"的需求来进行的。例如，在游园中随处可见的无障碍设计，使残疾人也可以到达乐园中的所有景点。再或者对于不同的服务对象进行不同的景观设计，例如，儿童区的景观构筑物的尺寸、颜色等都会按照儿童的喜好去设计，绿化植物也会根据儿童的身高进行尺寸的调整。

5.8.6　游乐公园的案例分析二：Avik芦苇游乐场

1. 基本概况

Avik芦苇游乐场位于芬兰首都赫尔辛基市郊的一条小河迪古里拉（Tikkurila）旁的一座小山丘上，四周环绕着美丽的古树。游乐场的主题来自周围的自然景观和迪古里拉地区的历史文化，这里最吸引人的地方是戏水设施，它形似流经此地的卡拉瓦河谷（Kerava）河，旁边的微型构筑物对应河畔的标志性建筑。定制钢围栏围绕着游乐场，其设计灵感来自芦苇（见图5-119、图5-120）。

2. 设计特点

游乐场上有多种河流环境中的元素和物种，包括芦苇、昆虫、青蛙、河蚌和蜘蛛网。场内设施经过精心挑选，符合自然主题。蚌形的游戏山丘将水下世界的生物带到人们触手可及的地方，上面的条纹图案源自濒危的河蚌（见图5-121），它们拥有厚厚的壳，生活在卡拉瓦河谷（Kerava）河中。该物种在河流生态系统中起着重要作用，公园在设计过程中模仿了迪古里拉地区的历史建筑和桥梁，它们由花岗岩制造而成，以有趣的方式呈现在戏水设施旁，上面还标有建筑名称和年份。

除此之外，人们还可以在河岸享受丰富的新体验，包括脱下鞋子、坐在河边阶梯上戏水；在新建木平台上野餐；在观景台上欣赏风景（见图5-122）。两处河岸阶梯均直接与水相连，最低的一步台阶通常位于水下，在阶梯上也可以欣赏美丽的河景。在靠近旧木屋的观景台上则能以更高的视角去观察水面。带座椅的甲板位于水面上，这里不仅可以看到附近老丝绸厂，而且是野餐的好去处。

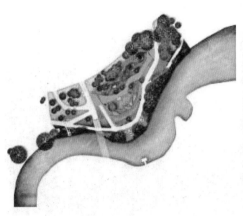

图5-119　Avik芦苇游乐场平面　　　　图5-120　"芦苇"在整个公园中随处可见

图5-121　蚌形图案　　　　　　　图5-122　人们坐在河岸阶梯上

3. 创新点

1）雨水过滤系统

雨水在公园设计中起着重要作用。旧的雨水管道应用了新技术，可以收集迪古里拉中心区域 25 hm² 的雨水。生物砂炭过滤器保存并净化管道末端的水，管道和过滤系统在严苛的河流土壤环境中建造，隐藏在观景台下（见图 5-123）。

2）灯光照明系统

公园内部的河岸地标是新定制的特殊灯杆，叫作"栖息"，芬兰语为"Orrella"。树形灯杆是小鸟的家，它们整个冬天都栖息在这里。LED 灯照亮了河岸阶梯顶部的木板座位，周围的大树也有自己的灯（见图 5-124）。

3）特殊结构系统

游乐场和河岸设施的建造环境较为严苛，这里土壤逐渐下沉，河水泛滥，因此需要打下结实的地基。大部分区域用柱子加固，建筑地基部分的土壤则需要换填并减轻重量，河岸阶梯和雨水管道上部观景台的桩基钻入了河床岩石。该工程拥有各种特殊的设施设计，包括独特的钢制围栏、定制灯杆、混凝土戏水设施和旁边的结构。设计过程中还考虑了水位变化和负荷。

图5-123　雨水收集器　　　　　　　图5-124　丰富的灯光照明系统及树形灯杆

作业与思考：

1. 简述游乐场公园的设计原则。

2. 选择一个你去过的游乐公园，通过调研分析总结游乐场公园成功的原因。

5.9　游园

随着城市的不断发展，建筑物的密度增大、自然环境的日趋恶化等负面因素无不时刻影响着人们的生活。与之相伴的是人们生活水平的提高、生活方式的丰富、视野的开阔、理念的更新，这些使人们越来越认识到城市不仅仅是政治、经济活动的中心，它作为人们的群居地，也应该给人们提供一个具有舒适性的生活和休闲空间，给人类社会提供一个能与自然更和谐共存的空间。

5.9.1　游园的概念

游园是指在城市建设用地范围内，除综合公园、社区公园、专类公园以外的公园绿地形式，它通常用地独立，规模较小或形状多样，方便居民就近进入，具有一定游憩功能。

街头游园

5.9.2　游园的功能

1. 休闲、集会、交友、健身

现在日益快速的生活节奏，使人们感受到巨大的生活压力，因此人们普遍希望可以自由支配工作之外的时间，无论是饭后还是周末，都可以去身边的游园进行散步聊天、锻炼身体等有益身心健康的活动（见图5-125、图5-126）。这样不仅能够丰富自己的业余活动，还可以交到志同道合的朋友，同时也锻炼了身体，可谓一举多得。

图5-125 城市游园休闲散步的民众

图5-126 游园健身锻炼的居民

2. 亲近自然、舒缓压力、欣赏艺术

一般游园的绿化覆盖率占整个园区面积的65%以上，栽植的树种也是多种多样，因此当人们走进这个游园，就仿佛置身于森林氧吧，可以尽情地享受新鲜空气，欣赏各类植物、花卉。同时，一些街头游园会在园内设置一个或多个艺术雕塑，使人们不仅能够享受植物带来的清新，还能欣赏这些艺术作品，从而有效地提高生活质量（见图5-127）。

3. 装点街景、美化市容

在现阶段的城市规划建设中，土地的价值在不断上升，因此出现了许多用地矛盾，而在城市规划中，一般绿化用地会被各种理由所侵占，为其他功能所使用，致使街道或者城市形象杂乱无章。因此，城市街头游园是构建特色地域城市的空间节点，也是城市生态建设的重要一环（见图5-128）。

图5-127 街头艺术雕塑提升审美

图5-128 旧金山南花园广场构成了城市重要的空间节点

5.9.3 游园的发展趋势

1. 认真对待历史，展示不同地域文化特色

游园是展示城市文化的一种重要方式，为突出地域文化特征，可以在游园中融入一些地

方性的文化元素，避免城市景观的雷同，从而有效地增强城市的吸引力和归属感，形成城市游园的独特语言（见图5-129）。

(1)   (2)

图5-129　不同城市、不同的历史文化形成不同的游园风景

2. 坚持以人为本，注重人对游园的参与性

现代社会越来越注重群众的体验感，因此在设计过程中一定要牢记设计是为人服务的。在现有的街头游园空间中，为不同的人群合理地布置相应的活动设施及功能，尽最大可能保障人们的体验感，为人们提供交流、活动、休闲、娱乐等多方面的服务（见图5-130）。

3. 充分尊重自然，发挥植物的生态效益

游园是城市绿地系统中的重要组成部分，从在宏观上来看具有改善城市生态的功能，是城市的生态廊道。因此，在设计时既要注意植物的种类搭配，又要注意植物本身的生态功能，这样才能给人们带来幸福感（见图5-131）。

图5-130　注重人文关怀的景观设施　　　　　图5-131　不同植物搭配形成城市街景

5.9.4　游园的案例分析一：深湾街心公园

1. 基本概况

深湾街心公园位于深圳南山区深圳湾超级总部的城市公共绿色轴线上，总占地面积约为

1.16 hm², 于 2019 年年末建成，是深圳湾超级总部片区建成的第一个公共空间（见图5-132）。该项目的建设目的是打造高密度业态之间的缓冲带与润滑剂，满足了该片区内居民运动、交流、交友的需求，具有生态和城市活力的示范性。

图5-132　深湾街心公园鸟瞰图

2. 公园的特点

（1）选址。深湾街心公园位于人群聚集地，拥有极大的人流量，因此如何设计使该场地成为能够留住人的城市绿地是该项目的重点。

（2）设计思路。注重生态保护与人的体验。为保护场地生态，在场地内设计雨水花园，通过雨水的收集与利用，达到保护自然生态的作用。同时在景观设置方面注重细节的打造以及群众的体验感。

3. 创新点

（1）能量的聚集与转换——风力雨水花园。该公园以生态方法蓄水、净水，需要时将水加以利用，收集的雨水可用于绿化浇灌和景观补水（见图5-133）。场地内别具一格的标识性风车，可将风能转化为动能，把湿地中蓄积的雨水抽到水渠桥，成为水景观的起点。10 m 高的飞瀑下落，经层层台地的滞留、净化，形成叠瀑景观，最终重新回到湿地的水循环中，滋养、浇灌着湿地（见图5-134）。

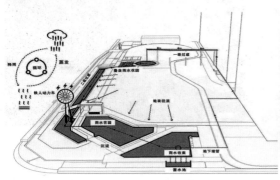

图5-133　雨水花园收集系统

图5-134　经收集的水通过10 m飞瀑下落

（2）社区空间活力——邻里生活容器。公园拥有超过 3500 m² 的草坪,围合以树林和芒草,让置身其中的居民可以短暂地与城市隔离。不设限的开放场地可以吸引居民以最舒适的方式展开与自然的对话（见图 5-135）。

（3）有趣的灵魂——健康的体魄。320 m 长的慢跑道,穿行于风铃木花林与芒草之间,吸引社区散步者及慢跑者共同参与运动。同时在北侧还有滑板场,供不同年龄段滑板运动爱好者在此尽情挥洒汗水（见图 5-136）。

图5-135　景观细节的打造

图5-136　公园内的滑板场

5.9.5　游园的案例分析二：澳大利亚弗林德斯（Flinders）游园

1. 基本概况

澳大利亚弗林德斯游园位于澳大利亚汤斯维尔的弗林德斯街区,原是一条普通的行人步行街道,20 世纪 80 年代,步行街道成为城市建设的一个潮流趋势,但位于汤斯维尔商贸区的这条步行街却始终没有给此区域带来预期的繁荣街景（见图 5-137）。

2. 公园的特点

建筑师期望通过一种设计,可以将行人与城市交通有机、和谐地联系起来。这样一来,此区域的人们既可以感受当地繁荣的经济发展,同时也可以感受到这一城市的历史文化变迁,城市的多面形象在这里得到了最好的体现。广场中采用了一系列可以彰显当地历史特色的建筑元素——高角结构、纳凉棚、柔和的灯光和相关装饰性材料的运用。为了满足当地人们的各种休闲娱乐需求,这一区域还特意增设了周末集市、户外电影节和一些社团活动等。

图5-137　弗林德斯街区游园

5.9.6 游园的案例分析三：美国福尔摩沙街心公园

1. 基本概况

福尔摩沙街心公园（见图 5-138），由知名的建筑师洛尔坎·欧·赫利希（Lorcan O'Herlihy）负责设计，地点位于美国加利福尼亚州的西好莱坞市。公园占地面积 427m^2，主要为周围 11 个单元服务。该公园的设计想法是成为一个住宅区花园，满足西好莱坞市公众对更多公共空间日益增长的需求。福尔摩沙街心公园是西好莱坞市的第二个口袋公园，是在密集的城市建筑中增加开放空间的一个创意性策略。这个公园建在一个私人停车场上，其设计灵感来源于秋天落叶的颜色和形状，而在实际应用中其能够满足公众各种各样的需求。

图5-138 福尔摩沙街心公园平面

2. 公园的特点

公园的设计基于"绿化"城市的想法。融入叶子形态主题，道路、林地都以一种模仿自然落叶的方式设计而成（见图 5-139）。公园的花圃反映了秋季的色彩，同时加强相邻建筑区的设计。保持水土是首先考虑的因素，选择耐旱植物正是呼应这一要求。

为了满足对绿色环境的追求与渴望，通道、长椅和场地用具都考虑到可持续需求，使用木质复合材料和相似的材料建造（见图 5-140）。

图5-139 叶子形态的道路

图5-140 环保材料的应用

作业与思考：

1. 根据自己的理解提出街头游园的设计要点与原则。
2. 对身边的街头游园进行实地调研。

参 考 文 献

[1] 蔡锦堂，徐荫. 功能主义建筑风格及其影响探析[J]. 四川建筑，2006，26（1）：50-51.

[2] 邓毅. 城市生态公园规划设计方法[M]. 北京：中国建筑工业出版社，2007.

[3] 李亭翠. 浅谈人机工程学在景观设计中的应用[J]. 山西建筑，2009，35（8）：24-25.

[4] 李玉. 基于景观叙事理论的城墙遗址公园景观营造研究[D]. 郑州：河南农业大学，2020.

[5] 刘扬. 城市公园规划设计[M]. 北京：化学工业出版社，2010.

[6] 马锦义. 公园规划设计[M]. 北京：中国农业大学出版社，2018.

[7] 谭晖. 城市公园景观设计[M]. 重庆：西南师范大学出版社，2011.

[8] 王先杰，梁红. 城市公园规划设计[M]. 北京：化学工业出版社，2021.

[9] 杨峰. 园林景观设计分区[J]. 园林，2012（10）：58-61.

[10] 赵春丽. 扬·盖尔"以人为本"城市公共空间设计理论与方法研究[D]. 哈尔滨：东北林业大学，2011.

[11] 中华人民共和国住房和城乡建设部. 城市绿地规划标准[S]. 北京：中国建筑工业出版社，2019.

[12] 中华人民共和国住房和城乡建设部. 城市绿地设计规范[S]. 北京：中国计划出版社，2016.

[13] 中华人民共和国住房和城乡建设部. 公园设计规范[S]. 北京：中国建筑工业出版社，2016.

[14] 郭君洁，张驰. 景观空间构成形式的研究[J]. 福建农业，2014（8）：169-170.

[15] 李文，张月. 城市公园入口空间序列研究[J]. 低温建筑技术，2010（5）：18-19.

[16] 张杰. 城市公园空间组织研究[D]. 南京：东南大学，2019.

[17] 汤士东，万敏. 城市公园空间格局类型学研究[J]. 城市发展研究，2019，26（3）：28-32.

[18] 安·福赛思，劳拉·穆萨基奥. 生态小公园设计手册[M]. 杨至德，译. 北京：中国建筑工业出版社，2007.

[19] 芦原义信. 外部空间设计[M]. 尹培酮，译. 北京：中国建筑工业出版社，1985.

[20] 诺曼·K. 布思. 风景园林设计要素[M]. 曹礼昆，曹德鲲，译. 北京：北京科学技术出版社，2018，2015.

[21] 何宇珩. 探讨城市公园的规划设计与分区布局[J]. 建材与装饰，2014（17）：5-6.

[22] 吴小龙. 现代城市公园景观艺术设计分析[J]. 文艺生活·文海艺苑. 2014（4）：200-200.

[23] 颜玉璞. 现代体育公园规划设计初探[D]. 北京：北京林业大学，2008.

[24] 柳春梅. 中国城市体育公园发展再认识[J]. 科技信息：学术研究，2008（34）：651-652.

[25] 刘慧梅. 城市化与运动休闲[M]. 杭州：浙江大学出版社，2014.

[26] 朱红. 走进植物园[M]. 北京：中国农业科学技术出版社，2002.

[27] 胡文芳，谭利华，李焱波. 当代植物园设计的发展趋势与变化[J]. 蓝天园林，2007（1）：25-32.

[28] 胡永红. 专类园在植物园中的地位和作用及对上海辰山植物园专类园设置的启示[J]. 中国园林，2006（7）：50-55.

[29] 杨秀梅，李枫. 中国野生动物园发展中的突出问题及可持续发展对策[J]. 野生动物学报，2008，29（3）：152-156，159.

[30] 李晓丽. 动物主题旅游的发展趋势与创新开发[J]. 中国旅游报，2019，（4）.

[31] 管贺. 浅析城市动物园的发展方向[J]. 现代园艺，2020，43（7）：136-138.

[32] 王成荣，王春娟. 对主题公园建设的几点思考[J]. 北京财贸职业学院学报，2014，30（6）：4-8.

[33] 何时瑜. 主题公园的多功能性设计分析——衡阳市消防主题公园[D]. 长沙：湖南师范大学，2010.

[34] 任妙华. 城市街头游园设计研究[D]. 天津：河北工业大学，2015.